U0926556

创富兵法

让天下没有穷人

王维家 著

中国财富出版社

图书在版编目（CIP）数据

创富兵法：让天下没有穷人／王维家著．—北京：中国财富出版社，2017.1

ISBN 978－7－5047－6350－1

Ⅰ.①创…　Ⅱ.①王…　Ⅲ.①成功心理—通俗读物　Ⅳ.①B848.4－49

中国版本图书馆 CIP 数据核字（2016）第 305179 号

策划编辑　黄　华　**责任编辑**　姜莉君

责任印制　方朋远　**责任校对**　孙会香　孙丽丽　张营营　**责任发行**　邢有涛

出版发行　中国财富出版社

社　　址　北京市丰台区南四环西路 188 号 5 区 20 楼　**邮政编码**　100070

电　　话　010－52227588 转 2048/2028（发行部）　010－52227588 转 307（总编室）

010－68589540（读者服务部）　010－52227588 转 305（质检部）

网　　址　http://www.cfpress.com.cn

经　　销　新华书店

印　　刷　北京京都六环印刷厂

书　　号　ISBN 978－7－5047－6350－1/B・0516

开　　本　710mm×1000mm　1/16　**版　　次**　2017 年 1 月第 1 版

印　　张　15　**印　　次**　2017 年 1 月第 1 次印刷

字　　数　207 千字　**定　　价**　39.80 元

前言

如果按照财富多少给人分类的话，那这个世界上只有两种人：一种是富人，另一种是穷人。且九成是穷人。这个世界上最不缺的就是穷人。那么，穷人为什么会穷呢？

或许你会说，穷人之所以穷，是因为没有钱。但这只是一般人的看法。有人一针见血地指出，穷人之所以穷，是因为他们的思维方式是穷人的思维方式。

轻度的穷人思维方式是：他们一般出身于落后地区，家庭条件艰苦，眼界有限，没有真正见过“大场面”。穷的时间长了，碰到好机会赚点小钱，就很容易自我膨胀。一膨胀就高估自己，脱离现实，分不清哪些成就来源于机遇，哪些成就来源于实力，把机遇好误认为是自己能力强，结果走上了自我毁灭之路，最后摔得很惨。

中度的穷人思维方式是：他们往往没有机会近距离看别人赚钱，也没有能力分析赚钱的过程，更没有能力从零开始赚钱。压根就不懂赚钱这回事，赚钱的步骤和过程一点概念都没有，把赚钱想象成一个“黑匣子”，总觉得赚钱是达官贵人的事，自己一辈子都不可能。别人有钱了，不是有背景就是机遇好，要不就是贪污受贿得来的。

重度的穷人思维方式是：自己没有任何本事，还自以为是，一辈子都没有反思，每天无事闲逛、肤浅地“无脑喷”。如果生在富贵人家，就是标准的纨绔子弟；如果生在穷苦之家，一辈子都没救了。

与富人相比，穷人到底缺乏什么呢？其实，穷人最缺少的是成为富人的野心。既然如此，是不是只要具有了成为富人的野心，就一定可以发财致富呢？显然是不一定的。那么，还需要什么呢？还需要智慧。这个智慧包括人生境界、商业头脑，尤其是商业头脑，我们可以把这一切统称为"创富兵法"。总的来说，穷人与富人的根本差别是思维方式的不同。

美国银行家约翰·皮尔庞特·摩根说过，他在自己的一生当中，从未遇到过一位莫名其妙的富人。他们的学识有高有低，取得的成就也不一样，却无不在一点上高度一致，认定成功背后自有道理，由此形成各自的致富智慧。这个观点恰恰诠释了富人之所以成为富人的根源。

一位"草根"逆袭成功的创业者说："我掘的第一桶金是在二十年前，但赚到的却不是钱，而是一种致富思想。"

美国著名的心理学家威廉·詹姆斯有一句格言："我们这一代最大的发现就是，一个人可以借着改变自己的思维方式来改变一生。"

掌握创富兵法的过程，就是改变思维方式的过程，改变了思维方式就可以改变财富身份。当然，在创富道路上我们也衷心欢迎各位的合作，毕竟众人拾柴火焰高。

每个人都赚得盆满钵满，天下自然就没有穷人了。

作 者

2016 年 11 月

目　录

兵法一　人人都有做富人的潜质 ………………………………………… 1

富贵如英雄，不问出处 ………………………………………… 3

穷人与富人到底差在哪里 ………………………………………… 7

钱不是攒来的，而是赚来的 ………………………………………… 12

技能赚小钱，智慧赚大钱 ………………………………………… 16

先会花钱，然后才能谈赚钱 ………………………………………… 19

兵法二　看你给自己估值多少 ………………………………………… 23

估多少钱，你就值多少钱 ………………………………………… 25

白手起家于富有的头脑 ………………………………………… 28

跟谁在一起决定你的身价 ………………………………………… 32

身价也是赚钱的资本 ………………………………………… 35

打造身价的武林秘籍 ………………………………………… 38

机遇青睐有身价的人 ………………………………………… 41

兵法三　亿万富翁必备的素质 ………………………………………… 47

接受不完美，努力实现完美 ………………………………………… 49

敢于归零，勇于空杯 …… 52
善于借力而行，而非亲力亲为 …… 55
只想自己要的，而非自己不要的 …… 58
资源整合的顶尖高手 …… 62
总是站在别人的角度看问题 …… 66

兵法四　格局之锅决定事业之饼 …… 71

有多大的格局，就有多大的事业 …… 73
人生在世首在做人，而不是做事 …… 76
有大志向的人，无小是非 …… 79
人生最大的敌人是自己 …… 83
胸怀决定人生境界和智慧 …… 86
心中无敌，天下无敌 …… 90
比竞争更高的境界是合作 …… 93

兵法五　人无信不立，业无信不兴 …… 97

我们正置身于一个比诚信的节点 …… 99
诚信是最好的人生财富 …… 103
越是稀有，就越是珍贵 …… 106
李嘉诚与合作者的分利原则 …… 109
先赚人心后赚钱 …… 111

兵法六　感恩是成功的基石 …… 115

人生在世必须有所敬畏 …… 117
我们的一切都离不开他人 …… 120

知恩图报，善莫大焉…………………………………………… 122
忘恩负义乃最大的恶…………………………………………… 125
越是有大智慧者越谦卑………………………………………… 129
地低成海，人低成王…………………………………………… 132

兵法七　跟上时代，把握趋势 ………………………………… 137

中国进入梦想成真时代………………………………………… 139
市场没有好坏之分……………………………………………… 143
没有成功的企业，只有时代的企业…………………………… 146
危机之中都有机会……………………………………………… 150
抢在变化之前先变……………………………………………… 153
信用卡、金融与资本裂变……………………………………… 155

兵法八　今天怎样做老板 ……………………………………… 159

承受力是做老板的前提………………………………………… 161
从制度管人到文化管心………………………………………… 164
做事还是做人…………………………………………………… 167
做领导还是做领袖……………………………………………… 170
做老板的道与术………………………………………………… 175
做老板的三件事………………………………………………… 178

兵法九　商业模式定天下 ……………………………………… 183

商业模式为王…………………………………………………… 185
从免费模式说起………………………………………………… 189
颠覆自己还是颠覆别人………………………………………… 192

创意经济正在走上时代舞台…………………………………… 196
最优秀的模式往往最简单………………………………………… 200
“分享经济”与“循环经济”的优势…………………………… 203

兵法十　抱团借力，共铸财富支点 …………………………… 207

你想赚钱，先让别人赚钱………………………………………… 209
不能统一思想，但可统一目标…………………………………… 212
突破创业与创新的瓶颈…………………………………………… 217
让天下没有难做的生意…………………………………………… 221
共享创富，约吗…………………………………………………… 225

参考文献 ………………………………………………………… 229

兵法一

人人都有做富人的潜质

富贵如英雄，不问出处

人生，给了我们发挥的空间，也给了我们堕落的悬崖。是选择成为一个英雄，还是选择只做一个“草根”，其实只在一念间。不要因为一时的成败得失影响整个人生旅程，更不要让自己的出身束缚奋斗的脚步，出身贫困不等于终生潦倒，出身富贵也不见得一生荣华。

法国小说家巴尔扎克曾这样说过：“苦难对于天才是垫脚石，对于强者是一笔财富，对于弱者是万丈深渊。”仔细想想，人生何尝不像是在坐过山车？起起落落之间，总会有春风得意之时，也自然会有陷入低谷之刻。处在人生的巅峰，要小心脚下的路，没有到过低谷又怎么能有攀升的机会？所以，无论何时何地，我们最应该在意的不是当下有多少成就、承载多少光环，而是要扪心自问：我是否还有追求？

所有人都在前行，你停下来别人也在走，如果你成了骄傲自大的兔子，总有一天会被乌龟超越；反过来，即使面对苦难，只要永不言弃、坚持不懈，也会成为冲过终点的人。

有一天，在美国马萨诸塞州的一个偏远山村里，传来了一声清脆而响亮的男孩的啼哭，这个新生命给一家农户带来无比喜悦的同时，也为他们艰难的生活带来了深沉的担忧。

随着男孩逐渐长大，父母的生活负担也越来越重。为了让家里的几个孩子都能吃上饭，父亲既要到山上伐木，又要给人打猎，到庄稼成熟时还要给人去收割；母亲也经常接一些缝纫、洗衣的活。但即使这样，家里还时常断粮。因为从小就要与饥饿对抗，男孩更懂得节俭，也会帮母亲做一些力所能及的事情。

男孩10岁的时候，被一个农场主买去做契约学徒，在11年的学徒生涯中，每天除了劳作还是劳作。他没上过一天学，却在学徒的过程中利用休息时间学会了识字……在漫长而艰难的学徒生涯结束之后，男孩长途跋涉，到离家很远的森林里当伐木工人。

这里是一片荒林，除了和男孩一样困苦的伐木工人外，方圆百里没有半个人影。尽管这样，男孩还是坚持在工作结束之后，跑十几里的山路到镇上的图书馆借书来看。生活的艰苦、繁重的劳动，都没有打消他读书的念头，在书籍的海洋里，他知道了外面的世界是什么样子，知道了自己该走向何方。面对食不果腹的生活，男孩从未抱怨过任何人、任何事，即使受到不公平的对待，他依然如故。因为他清楚，自己总有一天要离开这里，离开这种生活。

男孩终于等来了一个机会：一家政府机构要招聘一名书记员，而且离男孩所在的林场不远。工友们都知道他平时喜欢看书，就鼓励他去试一试，男孩也觉得自己完全可以胜任，于是就到政府办公的地方报名。结果在报名时，负责招聘的官员提出了两个条件：一要有高等学历，二要有资产殷实的担保人做担保。毫无疑问，男孩没有一个条件符合。

然而，让谁也没有想到的是，就是这个当初被政府官员拒绝接受的男孩，有一天会成为美国副总统——他用20多年的时间自

学成才，在40岁的时候成功打败了竞争对手，成为深受民众拥戴的副总统，并以骄人的政绩名垂青史。

他，就是亨利·威尔逊！他创造了个人的奇迹，也给美国历史留下了浓墨重彩的一笔！

任何一个人，都无法回避自己的出身，唯一不同的是如何面对。优秀的人不会“破罐子破摔”，只会蓄势待发，万般劫难只为破茧而出的美丽；平庸的人则只会臣服于生活的苦难，做生活的奴隶。

同样，作为职场的人员来说，无论是打工者还是老板，没有人会计较你的出身，他们看到的是现在的你、未来的你，看到的是你的价值如何。正如“都都文具”创始人邱文钦所言：“成功的企业家不一定都是从大学学堂里培养出来的，有不少是在社会实践中磨砺出来的。一个人，无论他的文化水平有多低，只要他敢于挑战自我，照样可以获取成功。”

“都都文具”在全中国有33家连锁店，北京还有一家分公司。在深圳没有人不知道“文具大亨”邱文钦的名字，可是很多人并不知道，这个“潮州大佬”其实是个大字不识的文盲。说起“文盲”，还要从邱文钦不幸的童年说起。

邱文钦的老家在广东省陆丰县碣石镇，1970年，他出生在一个穷困的农家里。父亲和母亲在他6岁和8岁时相继去世，幸好还有一个大他2岁的哥哥可以相依为命。但两个无依无靠的小孩，生存都成了问题，更不要说上学了。

小哥俩靠吃百家饭度过了艰难的7年。在邱文钦15岁这年，当地的一个老木匠收他们兄弟为徒，教他们做木工。从此，邱文钦和哥哥每天就是拉锯子、推刨子，一点一点把老木匠的手艺学过来，变成了自己的手艺。经过3年的艰苦劳动和学习，邱文钦练就了一手漂亮的木工活。

其实，在当时当地，像邱家兄弟这两手，已经可以当成看家本领，他们可以靠做木工养活自己了。但1988年兴起的打工潮，让兄弟俩萌生了走出去的念头。于是，哥俩跟着周围的热血青年，一起离开家乡，到完全陌生的城市里去寻找新的生活。

但是，现实远不如他们想象的那么美好。当时的深圳还非常贫穷，几乎到处都是还未开发的荒山野岭，工作自然不好找。兄弟俩在深圳街头流浪了很多天，百般周折后终于遇到了一个老乡。他带着兄弟俩干装修，就这样在深圳开启了打拼之路。在这期间，他们尝试过各种类似的工作，既给别人打过工，也自己搞过小买卖。

就这样，邱文钦又熬过了3年。1991年的冬天，他终于迎来了属于自己的机遇。有一家经营不善的印刷店要转让，邱文钦想从其他渠道多赚些钱，于是就用这些年的积蓄买下了这间只有7平方米的小店，一起留下的还有一台破旧的老式名片印刷机和两名员工。后来，他发现上门推销印刷纸的推销员包里放着很多笔和其他文具，于是灵机一动，在印名片的同时卖文具。

当时的深圳正进入发展黄金期，一座座写字楼在一夜之间拔地而起，一家家公司接连开张。办公用品的需求量一下子增加，邱文钦看到了非常广阔的市场前景。邱文钦对市场进行了多方调查，事实证明了自己的猜想。于是，他加紧购进文具，再行销给各家公司，渐渐地店里的文具品种越来越全。

经过一年多的努力，邱文钦成功创立了都都文具。随着资本的积累和渠道的拓宽，邱文钦获得了海外文化用品的代理权，另外还有深圳当地稳定的客户群，公司的业绩突飞猛进。

邱文钦走过的这条创业路可谓艰难崎岖，但就是当初那个目不识丁的小木匠，凭借自己的不懈努力和艰苦奋斗，成为后来的文具连锁大王。这不得不说是一个奇迹。

邱文钦成功的背后，是勇于挑战、敢想敢做的精神，无论我们是何种出身，无论我们的文化水平高低，只要勇于突破，坚持不懈地走下去，就一样可以获得成功。

在职场中，富贵如英雄，不问出处。只要敢于挑战自我，不向困难低头，就一定能够化蛹成蝶，领略世间最美的风景！

维家谈创富

秀才不怕衣裳破，就怕肚里没有货。

穷人与富人到底差在哪里

人和人在肉体上没什么差别，唯一的差别就是灵魂的不同。你的精神世界有多大，你就拥有什么样的思维，你的视野就有多大，你的事业就有多大。穷人之所以跳不出贫穷的圈子，就是囿于“贫穷”的精神和思维，所以只能过着穷人的生活。

在现实社会中，人们总会面对错综复杂的人际关系，也习惯于把五花八门的人进行分类。人们在处理关系时，总要分出很多名目，比如朋友和敌人、爱人和仇人、成功者和失败者……我认为，我们可以将所有人简单地分为两种人——穷人和富人。

人的一生，充满了动荡与坎坷，但正应了“无限风光在险峰”这句诗，富人的人生才能大放异彩，而穷人之所以永远跳不出贫穷的圈子，就是因为他们的思维和富人的有差别。尽管很多穷人都有过梦想，甚至有过机遇，但是没有富人的思维，不懂得利用眼前的时机，最终只能眼睁睁地看着机会从眼前飘过，与富人失之交臂。

有一个故事，故事里的穷人总是抱怨上帝不公平，为什么总是让自己吃不饱、穿不暖，每天累死累活却赚不到几个钱。

有一天晚上他做了一个梦，梦见自己见到了上帝，于是开始向上帝哭诉：“为什么富人可以不干活就享受山珍海味，穷人辛苦赚钱却还填不饱肚子？这太不公平了！”上帝笑了笑说：“那么你觉得怎样才算公平？”穷人说：“让富人和我一样穷，如果一年以后他还是比我富有，我就不抱怨了。”上帝答应了穷人的要求，并且让富人和他一起挖矿，挖出的矿石可以卖掉，但一定要在一年之内把山挖空。

从此以后，穷人和富人便开始一起挖矿。穷人习惯了干粗活，于是很快就挖出了一车的矿石，他把矿石拉到镇上去卖，用得到的钱买了很多好吃的回家。但是一旁的富人因为从来没有干过重活，只能挖一会儿停一会儿，结果累得满头大汗也没有挖出多少。直到太阳落山，富人才勉强装满一车矿石，拉到镇上去卖。卖到钱后，他只用其中的一点买了干粮，把剩下的钱全部留了起来。

过了几天，穷人仍然每天很快就挖完一车，用赚来的钱买大鱼大肉；富人却不再待在矿山，而是成天在镇上转悠。有一天，富人带着两个大汉来到矿山，并指挥他们挖矿，结果不等天黑，他们就挖好了两大车的矿石。富人把这些矿石拉到镇上去卖，用赚来的钱又雇了两个苦力。就这样，富人挖矿的速度越来越快，

赚得也比穷人多。

一年以后，大半个矿山都被富人挖走了，穷人只挖了很少的一部分。穷人用卖矿石的钱盖了房子、买了农田，过上了比过去好的生活；但这时的富人已经用自己赚来的钱做起了买卖，很快又成为当地的富翁。

故事中的主人公就是思维不同，才造成了富人和穷人的不同结果。提到穷人和富人，我们总会想到这句话："穷人更懂得如何守钱、省钱，富人却知道如何花钱、赚钱。因此，穷人会越来越穷，富人会越来越富。"

在成功的道路上，思想有多远，就能够走多远。在穷人变富人的道路上，阻挡你前进的不是高山大海，而是自己的思维。如果你抓住穷人思维不放，或许你永远只能拥有某件东西，如果肯放手，便获得了其他选择机会。

美国一家媒体曾对彩票中奖者做过调查，发现90%的中奖者都会在10年之内恢复到他们原来的经济水平上，每个国家都存在这种现象，也就是说这种现象普遍存在于人类社会中。为什么会出现这种现象？就是穷人思维造成的。

很多人都曾想象自己中了500万元，如果你问他想拿这笔钱做什么，他一定会这样回答你：先拿100万元买套房，再拿100万元买辆好车，然后拿出100万元给父母养老，留下100万元给孩子将来留学，剩下的100万元就可以用来吃喝玩乐啦！如果有剩下的，就存起来吃银行的利息。这种想法相信很多人都有，有了大笔的钱，就买些奢侈品，然后吃好玩好，剩下的才想着存起来。看起来很美好，但其实这就是非常典型的穷人思维。

我们来看看富人怎么想：首先拿100万元孝敬父母，再用20万元给家人买他们喜欢的礼物，剩下的380万元用于投资：一部分投资比较稳定的债券和基金，另一部分投资股票。这就是穷人思维和富人思维的差别。

那么，更细致地讲，穷人和富人的思维模式到底有哪些不同的表现呢？我们不妨一起来看看。

1. 穷人总在说“万一”，富人只会掌握“一万”

如果你关注过彩票，你就会发现，喜欢买彩票的都是穷人。这是因为穷人总是抱着侥幸心理，尤其是看到别人中了大奖，就会想“万一我也中了呢”。富人可不这么看，他们更相信保险，所以总会提前为可能出现的生活风险找担保。这样看来，富人比穷人更加理性。当某天穷人和富人都遇到疾病、车祸等意外时，穷人大多会怨天尤人，而富人则会得到应有的理赔。

2. 穷人选择遵从命运，富人决定改变命运

穷人和富人最大的不同，就是穷人信命。拥有穷人思维的人，面对生活的窘迫，从来不会想办法去改变，而是到处求神拜佛，希望让别人把他带出困境。而有富人思维的人则不同，他们相信凭自己的努力可以改变现状，于是他们努力发现自己的优势，充分进行自我开发和经营，用不懈的追求和努力改变自己的命运。

3. 穷人拼命省钱，富人讲究花钱

典型的穷人思维就是把现有的存下，所以你总是听人们这样说：“今年我又存了 5 万元，再努力一年，争取存到 10 万元。”这种人通常对生活都很严苛，他们不敢把钱拿出来投资人脉、不敢深造、不敢创业、不敢走出去开阔眼界……最后只能守着手里的钱，无为而终。而在富人的观念里，钱不能像一潭死水似的，要把钱花到刀刃上，他们会在能提升自己的地方花钱，在能扩展人脉的地方花钱，在能开阔眼界的地方花钱。这些花出去的钱，能够在未来给自己带来更多的回报。

4. 穷人抓资源，富人抓运作

穷人总想着怎么利用好自己的资源，比如学好一门手艺，干好一份工作等。但富人不这么想，他们赚钱不单靠自己的力气，因为他们知道一个人的力量总是有限的，所以他们善于将各种资源整合起来，通过发挥资源整合的优势，让资源帮到自己。比如对于人脉资源，只要运作好这些人脉资源，就可以发挥出最大的团体力量，创造更多的效益。

5. 穷人忙手脚，富人忙头脑

穷人只想着靠体力吃饭，也就是传统意义上的“靠双手创造财富”。于是我们经常看到，城市中匆匆忙忙的白领们，每天“两点一线”地工作，挣到的永远只有那点薪水。而富人呢？他们忙着把公司管理好，让企业占领更多市场，让品牌在全球打响。富人比穷人更愿意学习知识，如金融知识、管理知识等，以使自己能够有更广阔的视角、更灵活的思维。

6. 穷人不放过小便宜，富人不在意吃小亏

在很多富人的思维里，“吃亏是福”是一条行为准则。富人不会太在意一些花在小处的钱，只要它能给自己带来更多好处。比如提高员工福利，会让员工更努力工作；请客户吃饭并赠送礼物，会给客户留下好印象，增进签约进度；舍得给朋友花钱，会积累更多潜在人脉……我们再想想穷人，他们总是害怕自己吃亏，并想方设法要占些小便宜，结果最终都一事无成。

维家谈创富

一元钱能买一杯水，也能打造出一条街。也许正是这种认识上的差别，使世界上产生了富翁和乞丐。

钱不是攒来的，而是赚来的

一个人所具有的思维高度，决定了他将来可以拥有的财富的多少。富有的思维创造无尽财富；而贫穷的思维则是守着小小的财富，进而造成更大的贫穷。真正的高手，拥有驾驭金钱的能力，善于在赚钱和攒钱中找到平衡点，用智慧去发现和创造最适合自己的生活。

我们在生活中总会发现这样的现象：那些花钱请朋友大吃大喝的人，一直都能大手大脚地花钱；而那些每次到结账时就借故逃脱的人，无论过了多少年，生活依然很拮据。

为什么会出现越是花钱却越有钱，而省着花钱却总是没有钱的现象呢？问题的关键就在于，光靠攒是攒不出来钱的，要靠赚才会有钱来。这就是典型的思维角度问题。

从小我们的母亲就教导我们，钱要省着花，越节俭才会越有钱。没错，因为父辈就是这么生活过来的。但是我们要清楚，那是计划经济下的思维，在物质资源十分匮乏的情况下，那是比较好的选择。但如今财富的内涵越来越多元化，那种先攒钱再消费的观念已经过时，赚钱才是新时代的先进意识。

克莱尔站在纽约市中心最大的百货公司里，看着高档的装修、闪耀的灯光和来来往往的人群，羡慕不已。这时，一位西装革履的50岁左右的犹太绅士走到他旁边。克莱尔盯着他的鞋子，恭敬地对绅士说：“您的鞋一定很贵吧？”

“哦，3000 美元。”绅士平静地回答。

“哇！那您的裤子呢？”

“2000 美元左右吧。”绅士仍然很平静。

“天哪，那您这上衣也一定很贵！”

“不算贵，还不到 5000 美元。”

克莱尔难以置信：“这么说，您的这一身差不多 1 万美元啦！”

“哦，差不多吧。”

“您一直穿这么高档的衣服？”

“呵呵，几十年来，我都是穿自己喜欢的衣服。”

“如果您在几十年中积攒下这些钱，都可以买下这家百货公司了！”

绅士不动声色，反问他：“您不穿自己喜欢的衣服吗？”

克莱尔坚定地说：“当然，我在攒钱。”

绅士笑了笑，接着问：“这么说，您有钱买下这座百货公司喽？”

克莱尔不好意思地回答：“当然没有，我怎么可能有那么多钱？”

绅士依然很平静地说：“这家百货公司就是我的。”

克莱尔是个善于勤俭持家的人，但很可惜，他只是聪明而已，却没有商人的智慧。而那位犹太绅士懂得，钱要靠赚才能得来，单靠攒是永远不会攒下财富的。聪明与智慧，完全是两个层次，有天壤之别。

生活中总不缺少克莱尔这样的人，他们精于攒钱，每个月尽可能地攒下钱来。他们知道买打折促销的商品，省吃俭用，为的就是攒够了钱花一大笔，或者让后半辈子衣食无忧。可他们不知道，在攒着钱、憧憬着未来的时候，时间像流水匆匆而逝。相比之下，那些懂得利用花钱来为自己积攒更多创造财富机会的人，在花钱的同时，也为未来的日子赚到了更多的钱。

做钱的主人，或者做钱的奴隶，这就是成功人士与非成功人士的区别。尽管任何人的成功都始于人生的“第一桶金”，但问题的关键在于，一味攒钱会让你的思想贫穷，把“活钱”变成了“死钱”，让你错失发财的机会，成为金钱的奴隶；那些成功的人则会选择做钱的主人，让钱“活”起来，实现财富增值，进而实现更大的梦想。

很久以前，一个富甲一方的人为了守住自己的一袋金子煞费苦心。他先是拿袋子装好，然后放到盒子里，接着藏在箱子底部。结果有一天，他回到家里发现门开着，于是赶紧去找自己的黄金。虽然黄金安然无恙，但富翁仍然放心不下，于是就把黄金放在自己的枕头下，每天晚上睡觉前都要看一看、摸一摸。可是没过几天，他又开始担心小偷会觊觎他的黄金，于是大半夜就跑到森林里，把这袋黄金埋了起来，并用一块大石头盖在上面。从此，富翁每天都要到森林里看自己的金子，看到它们安然无恙才安心回家。结果有一天，一个小偷发现了富翁的秘密，并趁富翁离开森林之机，把这袋金子偷走了。等富翁再到森林时，发现黄金已经被偷走了，非常痛心，并发誓要把那个可恶的小偷找到。

正巧在这时，一位老者路过，得知富翁是因为丢了黄金而伤心欲绝后，承诺会帮他把黄金找回来。富翁还没有问他怎么找，就看见老者拿出一桶金色的油漆，把原来那块盖在黄金上的大石头涂成了金黄色，接着就在上面写了一行字——一千两黄金。老者做完这些工作，就对富翁说：“现在，你每天又可以来看你的黄金了，而且不用再担心任何人能偷走你的黄金了。”富翁眼巴

巴地看着变成“黄金”的石头，半天说不出一句话来……

很多人会说这个老者要的就是骗人的把戏，但在我们看来，把黄金埋起来保值的方法，与涂成金黄色的石头没有任何区别。这个富翁就是典型的守财奴，如果你像他一样，只顾着把挣来的钱存进银行，而不肯拿出一分钱来进行投资，那么任何理财观念对你来说都是没有作用的。什么是有钱？真正的有钱是懂得怎么用、怎么花，知道哪里是“刀刃”，明白如何用有限的投资，赚取高额的回报。

阿里巴巴创始人马云鼓励消费，这让很多人感到震惊。“去花钱！去消费！”如果哪天你收到这样一封来自老板的邮件，你会不会惊掉下巴？而马云就是这么做的。马云身家过亿，他当然可以随心所欲地花销，可他为什么要鼓励只有几千元薪水的员工也去花钱呢？

其实，马云真正的用意，是要让这些年轻的员工记住，真正的财富不是他们现在的收入，而是自信！你喜欢穿什么就去买；喜欢吃什么就去吃；喜欢玩什么就去玩；喜欢做什么就去尝试。你做了这些喜欢的事，就会对生活充满肯定，就会对自己充满肯定。这种肯定带来的自信，会让你更乐于交际，更乐于把自己最好的一面表现出来。有了好的心态，自然就有了好的行为；你的交际环境好了，自然就会遇到更好的机会。由此可见，马云之所以能发出这样的号召，不是没有道理的。

我们应该反思过去的惯性思维，懂得花钱的真谛：只要不是浪费，不是刻意地“造”，任何花费都有它的价值。

维家谈创富

把眼光放长远一点，多想想怎么赚钱，如何让钱以滚雪球的方式迅速增长，才会感受到赚钱带来的快乐与成就感。

技能赚小钱，智慧赚大钱

人的一生都在追求成功、创造财富，可是这条路却充满坎坷、布满荆棘。最美丽的风景，往往就在这条曲折道路的尽头。点亮智慧人生，一步一个脚印，所有的梦想都可以实现。在商界中，在职场中，打开你的智慧，你会发现，原来财富大门都是虚掩着的……

在当今这个财富多元的时代，懂得运用智慧并能够利用智慧把握好商机为自己创造财富的人少之又少。但我们只要从这一刻认识到智慧的重要，充分发挥出智慧的力量，抓住眼前的机会，就能让财富接踵而来。

在一个偏僻的小山村里，有个想要发财致富的年轻人，但村里资源稀缺，他只能和村民们一起到山上挖石头。其他人都把石头砸碎了卖到建筑工地去，他却发现这些石头造型独特，于是挑了一些卖给了花鸟商人。结果他比别人赚得都多。没过几年，年轻人就过上了富裕的生活，还在村子里盖起来第一座瓦房。

后来，当地政府不允许村民们再开山挖石，倒是给了村民很多苹果树树种，于是村民们开始种果树。一年以后，村子里到处是结着苹果的果树。因为他们的苹果又大又甜，吸引了很多外地的商人，村民们的生活得到了改善。就在这时，年轻人却放弃种植收成不错的苹果树，改种柳树。因为他发现商人们有很多苹果可以挑，却没有装苹果的筐子。就这样，年轻人靠种柳树，又成了村里第一个在镇上买房子的人。

过了几年，一条铁路从这座村庄的中心横穿而过，彻底为它打开了开放的大门。村民们想着再种些其他水果，把这里变成一个水果批发基地。就在大家准备集资建厂的时候，年轻人却砌起了一道矮墙。原来，每当火车从这里经过，除了能看到两边的果园，所有人都不会错过中间的这一道矮墙，尤其是矮墙上4个醒目的大字：可口可乐。就因为这4个字，年轻人每年又能多收入5万元。

再后来，有一个跨国公司的老板，在坐火车经过小山村时，听人讲起了年轻人的传奇故事，很是佩服年轻人的商业头脑，于是决定到村庄里找这个年轻人。可是，当这个老板找到年轻人的店铺时，他却看到了这样一幕：年轻人正在和对面店铺的店主吵架。年轻人和店主争论不休，因为对方和自己卖同样的东西，他卖100元，对方就卖95元；他改成95元，对方就卖90元。结果一个月下来，他只卖出80件，对方却卖出了500件。老板听了他们在争执，对年轻人顿时大失所望。可是，当老板向对面店的店主询问情况时才知道，原来这家店也是年轻人的。凭借这样的营销策略，两家店给他带来了成倍的利润。老板立即决定要聘用这个年轻人。

赚钱要靠智慧，但并不需要你有多么大的智慧，也许只是你在咖啡厅发呆时的灵光一现，也许只是你在火车上眺望窗外时的一个偶然发现。如果一个其貌不扬的人告诉你赚钱非常简单，动动脑子就可以了，你千万不能嗤之以鼻，也许在以后的某一天，他就会成为百万富翁。

世界上公认的最会做生意的人是犹太人，他们从小就养成了赚钱的观念，比如，一般人教小孩一加一等于二，他们就会告诉自己的孩子一加一大于三。

一个经营铜器店的犹太父亲，向儿子询问当时一磅铜可以卖多少钱，儿子骄傲地回答说："35 美分。"父亲接着说："很好，你和这里的人一样，都懂得了解市场。但是作为我的儿子，你要把它看成 3.5 美元。那么你再试试把它做成别的东西，看看它能值多少钱？"

20 年后，父亲将店铺传给了儿子，他独立经营着这家铜器店。此后的几年中，他试着把铜料做成任何可以用的东西，比如铜鼓、摆件、餐具、钟表配件、奥运奖牌等，最贵的铜器卖出了 3500 美元。他就是麦考尔公司的董事长。

世界上比犹太人聪明的种族有很多，但他们空有聪明，却没有犹太人这样的智慧。犹太家庭里的母亲都会问自己的孩子这样一个问题："如果家里遭了灾，而且有强盗要抢走你的财富，你会带着什么东西逃命？"很多孩子都从未经历过这种事情，于是天真地回答，当然是带走家里最值钱的东西啊，这样就不会因为换不到吃的而饿死。但母亲不会认同孩子的想法，她会接着问孩子们："你们知不知道有一种东西，它无色、无味、无形，却是我们永远不能丢弃的宝贝？"孩子们不知道答案，母亲就会告诉他们："孩子们，这个宝贵的东西就是智慧，有了它你们到哪里都会有吃有穿，而且永远不怕任何人抢走它。只要你们活着，智慧就不会离你而去。"

维家谈创富

凡是有价的东西，必然都能失而复得。但唯有一样东西既不能被标价，又具有至高无上的价值，这就是智慧！有智者，事竟成；无智者，永贫穷。

先会花钱，然后才能谈赚钱

挣钱，只有一个目的，就是花，钱少是自家的，钱多了就是大家的，再多了一定是国家的。不要把钱看得那么重，一定要舍得花钱。把钱投资在自己的脖子以上，把它转化为智慧，钱就会跟着你一辈子，让你受用一生。

不少人都喜欢看各种排行榜，尤其是富豪榜、名人榜。2015 年福布斯公布的中国娱乐圈名人榜上，名列前茅的几个明星——范冰冰、周杰伦、黄晓明、王菲等，个个都是大咖，不仅人气、名誉爆棚，其强大的吸金能力也让众人望洋兴叹。

但是我们发现，这些能赚的人，同时也很能花，可他们为什么还是这么有钱？就像王菲，有人曾爆料她每个月就有 60 万元的花销。我们身边也有这样的人，他们花钱大手大脚，却从来没见过他们缺钱，反而越花越多；而与之相反的另一些人，每天都会算着手里攒下的那几百元钱，但是依然过得很拮据。这似乎在向我们印证一个事实：会花钱，钱会越花越多；不舍得花钱，钱会越攒越少。

细心观察的人就会有这样的发现：很多富人都喜欢一掷千金，而穷人通常都要把钱掰成两半花。像比尔·盖茨和沃伦·巴菲特，在每个人看来他们就是移动的金库，可是他们有把自己的钱藏起来吗？没有！他们反而把钱都捐了出来，去帮助需要帮助的人，去回馈社会。就像比尔·盖茨，曾经的世界首富，他把自己的 2/3 的钱都回馈给了社会，捐给了那些贫穷的人。这说明什么？说明敢把钱花出去，而且花到该花的地方，这才是真正的聪明人。这样的人才是懂得赚钱的人，也是能赚来钱的人。

当然，也有不少人会立即反驳："你说错了！我认识的那些有钱人，一个比一个吝啬，跟他们借钱好像要他们的命似的。"如果你因此认为这就是富人，那你就大错特错了。你所说的这些人，虽然比较有钱，但他们也仅仅是"有钱"而已，这种人是永远不会发大财的，他们永远不会成为我们所说的"富人"。为什么？很简单，他们的财富不是靠投资理财赚来的，他们也许是经营传统实业，也许是做些小买卖，也许根本就是拿着死工资，然后省吃俭用攒下来的。他们没有靠智慧促使自己成长，所以不会获取更多财富。

现实中，有的人为了明白赚钱、花钱的道理，努力学习，给自己的大脑投资，获得了丰厚的回报。张扬就是一个很好的例子。

张扬大学毕业后，和很多同学一样，成了"北漂"一族。最初他们租住在简陋的地下室里，但即使是最必要的日常花销，也让他们捉襟见肘。很快，不到两个月，张扬从老家带来的2000元钱就快"见底"了。恰巧，同学的女友也来到了北京，张扬不得不搬出去，另谋他处。张扬带着仅有的175元钱，离开了原来的住所。

当务之急，还是先找到一份工作，有了经济来源再说。于是，张扬四处打听哪里招人，最后终于找了一份推销保险的工作。工资没有多少，但好在可以根据业绩提成，关键是管吃管住，因此张扬非常重视这份来之不易的工作。有了工作和落脚的地方，张扬的心终于定了下来。

工作了一个星期，张扬发现自己并不适合做销售。他性格内向，不善言谈，虽然工作也很努力，但就是没有出成绩。半个月后，经理把他叫到办公室："张扬，如果你在这个月拿不下一个订单，就趁早滚蛋！”张扬很沮丧，虽然他很重视这份工作，但经理给的任务确实很困难，他不由得发起愁来。

后来，有个同事知道了他的事，就给他支了一招，说：“张扬，我知道网上有一个老师，专门讲销售课程，而且很多人听过都觉得很好，你要不要也去听听？”

“好啊！我正为这事发愁呢，要怎么才能听到呢？”

“上网就行，但这个老师的课程需要付费，一节课是500元。”

张扬火热的希望就这样被浇了一头冷水，工资没有发，生活又如此拮据，花500元钱听一堂课，值不值得？张扬回到住所想了一个晚上，最后终于下定决心：去听课！

第二天，张扬向几个同事东拼西凑借够了500元钱，然后一头扎进网吧，听了一堂销售课。听过这一次课，张扬茅塞顿开，终于知道用什么方法可以成功推销产品了。果然，他把学来的技巧都用到了工作中，在接下来的半个月里，总共拿下了3个订单。

在之后的时间里，张扬一有机会就到网上听课，工作业绩突飞猛进，经理也开始对他刮目相看。又一个月过去了，同事们都知道他热衷于听课，并且业绩很好。

有一天，最初建议张扬去听课的那个同事和他说：“看来你的听课很有效果啊！”

张扬说：“是啊，真的很有用，我一直都很想谢谢你呢！我从那位老师的课里学到了不少东西。”

同事说：“真的吗？那你一定会喜欢这个好消息，听说那位老师过几天有一次现场讲授，你应该会想去吧？”

张扬听到这个消息别提有多高兴了，他向同事询问了地点和时间，然后盘算着自己攒下的钱，又向一个老同学借了一部分，终于凑齐了门票钱。老同学很不理解，为什么张扬情愿每天吃馒头咸菜，都要去听什么课？张扬从来没有因为老同学的那些质疑而动摇，他坚持学习如何销售，并不断在工作中锻炼、提升自己。

半年后，张扬还清了所有的欠债，并且租了一套离公司不远的公寓。3年后，张扬在北京三环外买了一套房，而且开上了自己的车。

老人们总说，会吃饭才会干活；我要说，懂花钱才能赚钱。因此，要想多赚钱，就要先学会如何花钱。不要把眼前的那一点钱看得太重，不舍得这些小钱，就赚不来大钱。所以，要学会把钱花在点子上，学会投资自己的大脑。钱会花完，但拥有了赚钱的智慧，一辈子都不会缺钱花。

维家谈创富

会花钱了，才会拥有驾驭金钱的能力，眼光也会看得更远。但是，花钱不是浪费，不是奢侈！

兵法二

看你给自己估值多少

估多少钱，你就值多少钱

人生是一场长长的马拉松比赛，一走就是若干年的历程。在这条道路上，你的成就取决于你对自己的估价，选择做珍珠还是做普通的石头，关键就在于你自己怎么看自己。

每一个人都是未开发的宝藏，人们永远不知道下面藏着什么宝贝。在职场中，在成功的道路上更是如此，你越是重视你这座宝藏，你就越能收获更多的成功与财富。否则，如果从一开始就觉得自己分文不值，那最后你也就真的分文不值了。

有一个上小学的男孩，因为出身贫寒所以非常自卑，总觉得自己低人一等，别人都比他强。因此和同学们在一起的时候，他从不抬头；大家讨论问题，他也从不插话，只是静静地听；在回家的路上遇见社会青年，就远远地躲开。即便这样，也总会遇到被人欺负的情况，可是他没有勇气还手。小男孩也经常问自己：我怎么才能比别人强呢？

有一天，小男孩和同学们一起到罐头厂帮工，老师为了激励大家，就提出让大家比赛，看看最后谁刷的罐头瓶最多。小男孩很激动，因为他从来没有机会可以拿第一，他想要获得这个第一。于是他用最短的时间就掌握了罐头厂师傅传授的刷瓶子的窍门，然后快速、认真地刷着，一个接着一个，从没有停下来。就这样，一天下来他总共刷了 108 个瓶子，是所有人里面刷得最多的。老师当众宣布他获得第一名的时候，小男孩喜极而泣，他永远记住了那一刻的喜悦。这一年他只有 10 岁。

这个“第一名”让他明白，做任何事都要认真努力地去做，只有这样才能获得别人的认可。从此以后，他发奋读书，不放过每一个可以提高自我的机会。小男孩一路前行，考上了大学，毕业时拿到了计算机专业的学士学位，接着，经过努力又获得了硕士、博士学位。不仅如此，他的好几项发明，都获得过部级科技进步二等奖。

当年的小男孩，如今已经成为微软的技术研究主任，专门负责亚洲地区的科技研究。同时他也被公认为是世界上最优秀的计算机领域的科学家之一，他就是周明。他到今天都还忘不了当初的那 108 个瓶子，那个最初的“第一名”告诉他也告诉我们：任何时候都不要把自己看轻。

法国 18 世纪伟大的启蒙思想家卢梭说：“自信心对于一个人的事业简直是奇迹，有了它，你的才智就可以取之不尽。一个没有自信心的人，无论有多大的才能，也不会有成功的机会。”在人生这条道路上，我们永远都不要过分地将自己贬值，认为我这也不行，那也不行，最终就真的什么也不行了。事实上，像周明这样的能够取得成功的人，都是勇于把握自己命运的人。他们知道只有做自己的主人，才能不断突破，成就非凡。

要为自己做主，首先要有“自知之明”，了解自己的优势和短板，知道自己的价值在哪里，这样才能有的放矢。找到自己的优势，并不意味着就是孤芳自赏，更不能夜郎自大。对于优点我们要尽可能发扬，对于缺点也要正视、改正，如此才能一步步走向成功。

有个叫达拉的美国人，他身材矮小、体质孱弱，而且胆小，但偏偏做了一名推销员。最初的时候，达拉不认为自己会胜任这份推销的工作，但除此之外也干不了别的，于是每天只能硬着头皮上班。每天早上，母亲都要对他说：“亲爱的，别去想别的，全力以赴地去做你的事，一切都会好的。”达拉很感激母亲的鼓励，但他对自己没抱太大希望，因为自己的业绩从来没有好转。

后来，经理对达拉的工作很不满意，于是建议他先去培训，如果还不行就开除他。达拉更加沮丧，他不知道哪里有培训班，更担心自己会就此丢了工作。最后在母亲的帮助下，他找到了夏洛克举办的培训班。

经过一个月的培训，夏洛克很气愤地对达拉说：“你知道吗？你在这里培训的时候，我就一直在观察你，你在我这里培训简直就是浪费人才！”达拉非常震惊，难道自己真的一无是处？没想到夏洛克却和颜悦色地说：“你难道没有发现自己很有能力吗？你为什么总要轻视自己？如果你肯将自己的能力用到工作中，将来一定会成功的。”

达拉不敢相信自己的耳朵，他长这么大，除了母亲，没有人说他“很有能力”。达拉深深地记住了夏洛克的话，虽然他没有从培训中学到太多推销的技巧，但就是凭借着这句话，不断地挑战自我，因为他坚信自己一定会成为一个成功的人。从此，达拉总是用成功者的视角思考问题、面对生活。不到两年，他就坐上了地区主管的位子，成为公司里最年轻的主管。

自己到底值多少钱？你认为自己有价值百万的资本，就一定能够成就价值百万的财富。在成功的这条道路上，任何时候，我们都必须认清自己，但不要看轻自己，永远保持一份自信。正如毛泽东所言：“自信人生二百年，会当水击三千里！”

维家谈创富

人的一生正如他一天中所想的那样，你怎么想，怎么期待，就有怎样的人生。

白手起家于富有的头脑

在人生奋斗的这条道路上，头脑决定一个人的未来。一个人拥有什么样的头脑，生活就会还给他一个什么样的未来。大凡所有的成功者，无一不是自信一定能成功的人。比如要想创造一个财政帝国，就必须要有百万富翁、千万富翁乃至亿万富翁的头脑。

谁都想拥有很多财富，每个人也都很努力地赚钱，但是总会有一些人是在一边赚钱，一边咬牙切齿地抱怨：为什么赚钱这么痛苦？这就是我们常说的“痛并快乐着”。可是这样获得的财富，真的会让我们非常快乐吗？与此同时，也有些人更享受赚钱的乐趣，他们不会在意赚多少，但他们能够在赚钱中找到乐趣。

为什么会出现这种天壤之别？这就要问大脑了。其实，一个人对待赚钱的看法，会直接影响他的“钱”途。事实上，那些靠自己的本事赚钱致富的人都会明白，一个会赚钱的脑袋是多么的重要。

老常以前在老家做木匠，这些年生意不太好，就和几个乡亲到城里打工。有一天，他在市场上闲逛，想要买些水果，可一看价格就望而却步了。忽然，他看见有人卖老家的大枣，想着2元钱一斤的大枣应该能买不少，于是就上前让小贩称了一斤。刚要掏钱，小贩却说："大爷，一共20块。"老常一下子蒙了，这才看见旁边一块小纸片上写着：20元一斤。老常心想怎么卖得这么贵，可仔细想想，这小贩把乡下的大枣运到城里，这中间一定少不了花费，所以他只好把价抬得这么高。

在回来的路上，老常琢磨，自己的家乡就盛产大枣，如果自己来卖大枣，岂不是可以省去很多麻烦，又能赚到钱？经过这么一番琢磨，老常决定马上回老家。后来，他从几个做批发的乡亲那里购进大枣，然后又经人介绍，找了一条最便捷的运输路线，将老家的特产运到了城里。

老常的生意越做越好，后来自己成了批发商，不仅卖大枣，还卖老家的其他特产。老常不但成了当地的批发大王，而且身家千万。

事实说明，创业依靠的不单单是资本，最重要的是头脑。就像人们常说的："不怕没有钱，就怕没脑子。"有时候给自己换个方向，重新找一条思路，也许你就能发现与众不同的机遇。其实大多数时候朝一个方向走，并不一定是对的，因为很容易造成"群盲"，你转换了思路，走了其他的路，就会比别人更快的到达目的地。

论天下英雄成败，永远遵循着成功定律——"二八法则"，即80%的社会财富集中在20%的人手里，而80%的人只拥有社会财富的20%。你想拥有那80%的财富，就要学会做那20%的人。如果你还像80%的人那样，不思考、不创新、不敢做，你就永远只能和别人争夺那20%的财富。非凡的业绩需要非凡的勇气，更需要非凡的智慧，只要动一动大脑，你也会成为富翁！

中山大学曾出过一名在校老板——潘文伟。他在大三时，就用自己的聪明才智为自己赚取了第一桶金。潘文伟初到广州，身上只有200元钱，而3年之后，他成了有房有车的大老板。他甚至一度因为生意繁忙而产生退学的念头，但他仍然坚持到了最后。

潘文伟出生在贵州省的一个小县城里，家里一共有5口人，但每月只有1000元的收入，单靠父亲在供电局当技术工人维持家用。2007年，当潘文伟考入中山大学后，为了给家里减轻负担，他申请了助学金，课余还给人当家教、做信用卡代理、卖T恤，四处打工赚钱。

当他终于凭着勤工俭学挣下200元钱，准备闯荡社会找一份工作时，那高楼林立的城市和车水马龙的街道，让潘文伟惊讶不已。当他看到商场里琳琅满目的商品，还有一套套“天价”楼盘时，内心不禁又产生了迷茫。要能在这座城市站住脚，到底还要奋斗多少年啊？但潘文伟毫不退缩，他下定决心，在周围的同学们都尽情享受大学生活的时候，他已经开始四处奔波，找机会赚钱了。

最初的机会是从院服招标开始的。2007年年底，学校对外公开招标院服定做项目，潘文伟觉得这里面大有赚钱的文章可做。为了先搞清楚情况，潘文伟从学生会那里要来招投标公司的名单，然后扮成客户，一个个地给这些公司打电话，询问服装底价。接着，他从网上查到公司地址，上门找老板谈生意。

后来，当学校确定好投标价和货源，潘文伟将自己代理的服装介绍给学院，并据实向学院方分析了其服装的价格和质量优势。不仅如此，潘文伟在投标当日巧妙地利用5家不同公司的名义参与到投标中，结果竟然赢过生意场上的老手，拿下了这个项目。人生赚到的第一笔两万元钱，让潘文伟找到了一条创业之路。

潘文伟的智慧还不只如此。有一次，他得知中学同学家有一个房地产项目，正在招标安检设备，恰巧他在生意中认识了一个做这方面生意的商人。于是经过他在中间介绍，促成了两家的合作，他个人也从中赚了50万元。

成就大事业不一定非要大资本，小本钱一样可以，关键是要有富人思维，从不起眼的地方发现商机。在当今社会，可以说是“脑袋决定口袋”，有什么样的思维，就会有什么样的未来。所以，如果你想成功，白手起家不容易，但也绝对不是多么困难的事，只要你有智慧、有头脑。

世界上最富有的人，都是最富有聪明才智的人，即使这些人一夜之间变得一贫如洗，他们还是会靠智慧把钱赚回来。这就是为什么美国著名实业家洛克菲勒能向世人放言，即使在沙漠中，也能利用一支驼队富起来的原因。

维家谈创富

拥有富有的头脑，你就是百万富翁。当大多数人都朝着一个方向，千军万马都有一样的头脑时，只要你把脑子用活了，你就是“福布斯”榜的常客！

跟谁在一起决定你的身价

一个人有多优秀，看他有谁指点；一个人能走多远，看他与谁同行；一个人有多成功，看他有谁相伴。人生就是这样，你是谁并不重要，重要的是你和谁在一起。和不一样的人在一起，你就拥有不一样的人生。

自古以来，就有“近朱者赤，近墨者黑”的说法。积极的人像太阳，照到哪里哪里亮；消极的人像月亮，初一十五不一样。你选择与什么样的人同行，就会拥有什么样的性格，拥有什么样的性格，就会拥有什么样的未来。

有科学研究表明，人类是唯一容易被暗示的动物。当人受到积极的暗示，就会产生健康的生理反应，情绪也会随之变好，进而激发内在潜能，完成不可能完成的任务；而当人受到消极的暗示，生理就会出现紊乱，并出现消沉、焦躁、不安的情绪，甚至对自我和人生充满怀疑。所以，让我们离开消极的人吧！否则，你会在不知不觉中被他们感染，变得越来越平庸、越来越颓废，直至失去奋斗的勇气。

我们从小就知道“孟母三迁”的故事，孟子的母亲宁愿再三搬家，也不让儿子在不好的环境下成长。这就说明，人的成功，有很大一部分因素来自他周围的人。

人们总会相信“丑小鸭”也能成为“天鹅”，那是因为它离开了鸭群，发现自己和天鹅长得很像。如果它总认为自己是只鸭子，一直待在鸭群中，那么它就永远是一只鸭子而已。也许原本你是非常优秀的人，却一直受到周围的平庸的人的影响，使你坚信自己这辈子就会和这些人一样，如

果你真的这样想，必然会失去拼搏的动力，最终也变得平庸。

很多人都对比尔·盖茨的发家史津津乐道，却很少有人注意到他身边的那个人。这个人是个音乐迷，而且酷爱天文学，他最喜欢的事就是听着自己喜欢的音乐，看着星空发呆。所以在学校里，同学们都不怎么理这个不善交际的人。

不过他也并不孤单，有个比他低两级的比尔·盖茨经常来找他。因为他父亲是学校的图书管理员，那个低年级的男生经常经过他借一些最新的电脑书。这样来来回回很多次，两个人就成了好朋友。比尔·盖茨喜欢研究计算机，是学校里公认第一的计算机高手，平时还经常给他介绍有关的知识，两个人一起编写游戏一起玩。最后，他成了学校里的第二计算机高手。

后来，他考上了华盛顿州立大学，学习他热爱的航天课程。而比尔·盖茨毕业后，也考上了哈佛大学，专攻法律。虽然两个人不在一起，但他们从未断了联系。比尔·盖茨还是习惯跟他借书，和他讨论有关计算机的问题。

1974 年，他偶然在一本杂志上看到一篇介绍微型计算机的文章，他兴奋地想，如果能够造出一台放在家里的计算机，那该有多么方便。与此同时，比尔·盖茨也看到了这篇文章，并且毅然放弃了正在学习的法律专业，兴奋地拉起他说：“我们该干一些正经事了！”就这样，在比尔·盖茨的带动下，两个人开始研究程序。

他们一起忙碌了 8 个星期。在这段时间里，他们废寝忘食地工作，终于用 BASIC（培基）语言编写出了一套应用程序。在这之后，他们找来一台名为 Altair（牵牛星）8008 的家用电脑，把这套程序装了进去，竟然让它像工厂里的大型计算机一样正常地工作了起来。

获得了这个令人激动不已的成果之后，他们找到一家生产计算机的厂家。厂家的老板非常满意他们的程序，用3000美元买下了这套程序，并承诺每拷贝一份，就支付他们30美元的版税。

这次成功让他们喜出望外，于是二人离开学校，专心做起了计算机程序编写。3个月后，他们注册了自己的公司——微软。那个站在比尔·盖茨身边的人，就是保罗·艾伦。

虽然比尔·盖茨成了世界首富，虽然微软的建立有比尔·盖茨60%的贡献，但其余的那40%却是由保罗·艾伦创造的。

有人写了一本书，称保罗·艾伦是一位“一不留神成了亿万富翁”的人，其实，这是一种误解。就像犹太经典著作《塔木德》中说的：你若终日与狼生活，学会的只有嗥叫；你若终日和优秀的人在一起，你也会变得优秀。试想，如果你总是和一位成功人士交往，怎么会不被他的积极力量所感染呢？同样，你见过富人身边有非常贫穷的人出现吗？没有。所以，你与什么样的人交往，就决定你的未来会是什么样子。

以前人们总说人生四大喜事是“久旱逢甘雨，他乡遇故知，洞房花烛夜，金榜题名时”。如今，人生最幸运的事，则是遇到一个好老师、遇到一个好上司、遇到一个好朋友。这些人会给你带来积极的心态、长远的目光、广阔的视角。如果你的身边缺少这些人，你的人生就会变得黯淡无光。所以，重要的不是你是何人，而是你身边有怎样的人。

过去人们总是被教导“读万卷书不如行万里路”；后来国门打开，我们的视野也变得开阔，于是有人说“行万里路不如阅人无数”；但在今天这个全球一体化的环境下，我要说“阅人无数不如名家指路”。有高人指路，有贤人护航，相信没有成就不了的事业。

想要鹰击长空，就不要和燕雀窝在一起；想要纵横驰骋，就不要和羊群圈在一起。正所谓“画眉麻雀不同嗓，金鸡乌鸦不同窝”，你所闻、所见、所想，都会被周遭的环境潜移默化。要想变得聪明，就去找聪明的人

做朋友；要想变得优秀，就去和优秀的人同行。总之，要想提高自己，获得成功，就要与成功的人为伍，你才会出类拔萃。

维家谈创富

与勤奋的人为伍，你不会懒惰；与积极的人为伍，你不会消沉；与智者同行，你会不同凡响；与高人为伍，你就登上巅峰！

身价也是赚钱的资本

在成功的这条道路上，身价也是一个重要的资本。身价高了，你的收入也会随之增加。一句话，拥有什么样的身价，就会拥有什么样的人生。

在生活中，我们不难发现这样的人：他从一个小业务员做起，没身价没地位，拿着和我们差不多的薪水。接着，他的业务水平提高了，工资也自然水涨船高，于是升了经理。然后，他的能力进一步增强，并一步步地升到了主管的位置。这个时候，他的身价就比当初高得多。

那么，有人就会问了，到底什么才算有身价？所谓身价，就是不用你说、不用你做，别人就已经认同了你的能力，同时愿意为你的能力支付更高的薪水。我们知道，现实中有很多大师级的人物，要请他们做一个讲座，或参加一个活动，主办方要先出价邀请，就算这样还不一定请得动。这就是身价。

在职场中，身价也非常好判断，比如你对现在拿的薪水不满意，你向老板提出要求，他也不会给你加薪。而如果你还没有向老板提出，他就主动给你加薪，这就说明你在老板眼里，身价提高了。

有一个学化学专业的大学生，毕业后找不到满意的工作，很是苦恼。他托人四处打听，终于打听到在一座小城市里，有一家化工厂正缺一名技术员。年轻人虽然不乐意到偏远的地方去干这份工作，但也只好先干着了。

习惯了大城市的灯红酒绿，年轻人一到这么个贫困的地方，怎么也不适应，工厂里也总是那些杂七杂八的活，感觉自己在学校里学的全都用不上，于是没事的时候，他就向厂里的老工程师大倒“苦水”。老工程师就那么听着，没发表自己的意见。有一天，他拿着一张人体物质含量表给年轻人看，说道：“你算算，看看自己能值多少钱。”

年轻人很好奇，于是他参照表格，把人体内所含的所有化学物质以及矿物成分，一项一项地写下来，最后把它们全部加起来，再乘以自己的体重，接着乘上所有元素的当前市场价值。开始他只算了氧、碳、钙这些人体最主要的元素，结果让他难以置信。后来他干脆把所有的微量元素也加了进来，算来算去，竟然还不到10元钱！后来他不只算体内的元素，连毛发、皮肤所有的组成部分统统算了一遍，结果实在没得算了，最高的价钱才40元左右！

与其说这是个实验故事，不如就把它当作一个笑话。但笑话也有笑话的道理，从根本上来说，我们和其他人没有任何区别，组成身体物质的价值都一样，那为什么会有人富，有人却穷呢？

网络上流行过一个很火的段子，测试“你属于几K（千）”，意思是你属于能赚几千元钱的人。文章里面列举了不同工作心态的人，收入会是多少。比如月薪2K的人，基本上是只对出勤率负责的人；月薪能挣5K，说明他对完成工作任务很上心；月薪达到8K的人，会更重视工作的质量；月薪在12K的人，都是团队中的领导，他们会对自己的团队负责；再往上，月薪20K的要想方设法保住自己的饭碗；月薪40K的，则要保住部门；月薪达到100K的，就要保住大部门；而月薪在100K以上的人，就要考虑怎么给别人创造生存空间；至于月薪在500K的人，那么他想的则是如何让整个行业环境更好。

我们不必计较这些结论是否严谨，但通过这个段子，我们至少可以清楚地认识到，每个职位都有它对应的价值。初入职场的“菜鸟”没有很高的工资，这说明“菜鸟”的身价只有那么多，如果你的工资是随着你的岗位一点点地升高，这就说明你的身价也在提升。想想看，如果你身边有的同事入职不到一年就升到了比你高的位置，那么在他收入提高的同时，也说明他的身份不一样了。

在所有人成功的道路上，都不能忽视“身价”这个因素，它是你取得更大成功的一个重要资本。你的收入会随着身价的提高而增加，即使你离开原来的公司，在新的企业里依然会获得较高的收入。

好待遇是不会从天而降的，你必须提高自己的身价。好身价也不是等来的，你必须养精蓄锐，厚积薄发。拥有一个好身价，给你一个起点，你就可以腾飞，就可以成就你的财富人生；否则，如果没有一个好的身价，即使给你一个起点，你也未必就能把握。

成功的道路上，总是有不少年轻人奢望马上得到成功之神的青睐，创造富可敌国的财富。可是，幸运是不会从天而降的，你必须主动提高自己的身价。也就是说，你有什么样的身价，就有什么样的人生。身价提高了，一切都不再是问题。

维家谈创富

欲想社会赋予你多少财富，就要看看自己值多少钱。

打造身价的武林秘籍

社会上，任何群体皆以阶层而存在，个体的人总是以不同的身价而跻身与之对应的阶层。对于白领阶层来说，年薪是他的身价；对于商人来说，资产就是他的身价；对于文化人来说，学识就是他的身价。不管是否公平，不管你个人有多少牢骚、抱怨，事实都明明白白地摆在那里。

身在职场的每个人都想拿高薪，可实际上每个人拿到的钱都不一样。你拿多少，是由职场身价来决定的。职场身价是什么？自己能有多高的职场身价？要提高职场身价该怎么做？

说起提高身价的方法和途径，总结起来有很多，但不管什么方法，都少不了努力和付出。想要让身价成为自己的核心竞争力，不妨参考下面这几点建议。

1. 端正自己的心态

有句话尽人皆知，那就是“态度决定一切”！没错，这句话放到哪里都适用，特别是在职场中，态度不仅决定你的工作效率、工作质量、人际关系，最关键的是会决定你的岗位和薪水。虽然这句话“地球人都知道”，但就是有的人在态度上摔跟头，为什么？就是因为没有做好下面这几点：

一是不要只想着该不该做，要问自己该怎么做。身在职场，总问“该不该做”是一个非常不好的习惯。每次接到一个工作任务，哪怕再小，也不应该纠结在“该不该”的问题上，更重要的是要问自己“我该怎么做”。很多大学生初入职场，总觉得自己学历摆在那儿，比很多上司的学历都高，于是对上司下达的任务常常表示怀疑。可是，你要清楚，职场不同于校园，在这里讲求的是阅历和能力。为什么你是员工而他是老板？这是由不同的底蕴决定的。就像华为 CEO（首席执行官）任正非说的那样，华为从不看员工的学历，从你进入公司的第一天起，和其他人没有区别，大家的起点都一样。正因为老板有这样的胸襟和气魄，华为的员工才有相互学习、相互竞争的心态，公司才能有今天的发展。如果今天华为招收的都是各路高学历精英，恐怕还没等对手出手，内部就已经开始土崩瓦解了。

二是不痛苦无以成长。在成长的道路上，总是一帆风顺并非好事，特别是在初期，碰几个钉子反而能让自己快速成长。有些人怕遇到困难，因为他们怕做不好，怕出现错误。可是，世上没有不会犯错的人，犯错不要紧，关键是要从中吸取教训，下次不再犯同样的错误和类似的错误。可是有些人犯过错误，却仍然在那里自以为是。有些人甚至分不清困难和苦难，总认为自己的一点小小的委屈，给生活带来了巨大的苦难。他们不知道，有多少人在奋斗的路上，吃的苦要比他们多得多。正所谓“山外有山，人外有人”，别人见过你没见过的风景，别人也听过你没听过的故事，这些人都是翻越过崇山峻岭的人。他们走过的路，你也会走；他们经历过的艰难险阻，你也会经历。别怕碰钉子，只有多碰一些钉子，你才会成长。

三是不露锋芒，学会做人。初入职场，锐气要有，但要用对地方，处理不当就会被人看作是轻浮。年轻人在步入社会之前，都读了很多书，于是觉得自己满腹经纶，就不把公司前辈们的意见放在眼里，拿着各大公司的“管理圣经”来扳倒那些“老古董”。事实上，这些所谓的“管理圣经”，不正是那些公司前辈们的经验总结吗？所以，在职场中要做好事，先要学会做人。做人是难，在职场中学会做人更难。我们不求圆滑世故，但最起码的尊重要懂得，尊重同事、尊重上司、尊重老板，一旦你学会收敛锐气、虚心学习，就会发现自己还有很大的进步空间。

2. 为自己规划职业道路

有不少讲职业规划的书，都会从很科学的角度分析。但我认为，在现实生活中，这一选择很难用技术参数来衡量，更多的人很难从一开始就有一个明确的方向。因此，对于没有很多社会经验的人来说，初期就要求他做出清晰的职业规划，是非常不切实际的。所以我们从以下三个大的方向来讨论一下。

一是发现特长和兴趣。如果你问一个人最希望做的工作是什么，多数人会说选择自己喜欢的。做自己喜欢的工作看起来很难在现实生活中实现，但如果换个角度想，也就不难了。首先我们要知道，人喜欢的东西不是一成不变的，很多我们现在不感兴趣的东西，说不定以后会喜欢。工作也是如此，你对现在的工作不感兴趣，也许是因为你没有发现自己在这方面的优势。所以在职业选择上，要在了解自己兴趣的同时，注意到自己的特长，找到中间的平衡点，然后再进行未来的职业规划。

二是敢于承担责任。每个人身处在这个社会中，都担负着自己的责任，尤其是在工作中，你不仅要对自己负责，也要对集体负责。特别是当你找到一个合适的平台，要让这个平台更好，就需要每个人担负起自己应尽的责任和义务。管理培训专家、教育专家余世维讲过一个概念——“残废哲学”，就是让员工把公司的工作一件件地担到自己身上来，最终让公司的老板“残废”。但很多人就是不懂得摆正自己的心态、接受这个道理，更不会这样去做。他们不愿意接受老板指派的任务，怕出纰漏自己担责任。可是想一想，谁一开始不都是错误连连吗？谁天生就会写字？多写几遍不就不会错了吗？工作也是同样的道理，你做的事情多了，错误就会越来越少。所以，不要怕做错，更不能怕承担责任，敢于承担的人才能从失

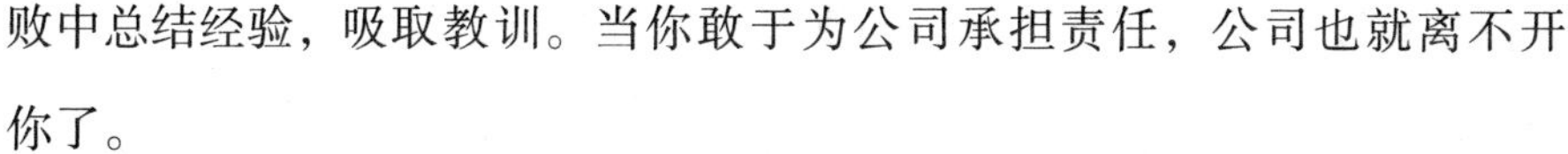

败中总结经验，吸取教训。当你敢于为公司承担责任，公司也就离不开你了。

三是做事要主动。所谓“术业有专攻”，专业不深刻挖掘，怎么能高人一等？工作时间要充分利用，工作之余的时间更加宝贵，老板没有工作交给你，就不能自己找事情做吗？不要忘了，老板雇用员工是要为公司带来效益的，你在那个岗位，就要对那个岗位负起责任。员工对于公司，就是军队中的士兵，备战时提升自己、寻找问题，帮助大家一同解决困难，让团队保持最佳状态，这样在战时公司才能靠得住你。

3. 综合实力最重要

职场上有很多专业方面非常强的人，他们自己的业务做得非常好，但很多年后他们还只是个业务员。很多老板也非常惜才，经常会提拔这些人，但是有些人就是“扶不上墙”，胜任不了更重要的工作，只能在最基层工作。因此，只有不断学习、积累、提高，让自己的综合实力变强，才有更好的发展空间。

维家谈创富

是日进斗金，还是屡屡碰壁，关键在于你是否掌握了升值的秘诀。

机遇青睐有身价的人

机遇只会青睐那些有准备的人，如果没有预先知识的积累，就没有成功的砝码；空等是看不到机遇的身影的，只有踏踏实实地学习，不但提升

自己的身价，机遇才会悄悄地出现在我们面前。

在历史上，蓄积力量，等待时机，一鸣惊人的例子不胜枚举。姜子牙耐心地在河边垂钓数十年，才等来了周文王，进而有了后来助武王伐纣的传奇人生，成为周王朝的开国功臣；诸葛亮气定神闲在隆中幽居数十年，才换来了刘备“三顾茅庐”，进而实现指点江山的宏愿，辅佐刘备称霸蜀州，与曹操、孙权三分天下。表面看起来，成就他们丰功伟业的是周文王和刘备这两个伯乐，但仔细想想，他们为什么要请姜子牙，为什么要请诸葛亮，而不是任何其他人？那是因为早在他们相遇之前，姜子牙和诸葛亮就已经胸怀雄韬伟略，只等和伯乐相遇。也就是说，在出山之前就已经有了充分的准备，蓄积了一定的力量。

机遇从来都是给有准备的人准备的，那句老话说得好：“台上一分钟，台下十年功。”人们总是看到别人的光环，羡慕他们的成功，却没有看到他们背后的艰辛和努力。

我们很容易就记住了中国航天第一人——杨利伟。可是有谁知道，他是经过了数百个小时的训练，又通过层层筛选，可谓是“过五关斩六将”，在完成了一次又一次的严苛挑战、战胜了一个又一个对手后，才最终获得了代表整个中华民族，实现飞上太空梦想的机会。

杨利伟从小就是个要强的孩子，后来到部队，对训练要求最严格的往往都是他自己，老师讲授的每个技术知识，他都要研究透彻；教练指导的每个动作，他都要准确完成。就是这种精益求精的精神，使杨利伟获得了优异的成绩和过人的综合素质，最终登上“神舟”五号航天飞船，成功飞入太空。

可以试想一下，如果当初杨利伟对自己没有那么严苛的要求，他怎么会拥有过硬的身价？当机遇来临时有怎么会轮到他？因此，要想在机遇来临时让自己有能力抓住它，从现在开始就做好准备吧。当你全力以赴地准备好向成功迈进时，机遇的大门自然会为你打开。到时，只需要轻轻将它一推，成功就近在咫尺。否则，就算机遇从你眼前飘过，也没有能力抓住。

机遇不只偏爱有准备的人，它更青睐有智慧的人。机遇无处不在，但只有拥有智慧的人，才能看得见、抓得住、用得好。会准备的人，不仅要准备知识、文化，还要准备思想和能力，勤奋的人会提前做好准备。你做好准备了吗？

安徽省阜阳市出了一个女“创客”，她叫周玲玲。在进入大学前，周玲玲一直把大学看作人生的“保险箱”，于是从进入安徽医科大学念书的第一天起，她就想着在毕业之后，如何找到一份好工作。但上完大学的第一堂课，周玲玲彻底清醒了，经过老师的分析，她对自己的就业前景不那么乐观了。她知道只有提升个人价值，才会有更多机遇。

因此，周玲玲在大学里，不但努力学习眼视光专业的相关知识，课余时还积极参加各种社团和活动，为的就是锻炼自己的交际能力，增加自己的见识和胆量。渐渐地，这个小姑娘越来越自信。于是在看到学长们艰难的就业之路后，周玲玲毅然决然地决定要出去创业，自己当老板。

2005 年，周玲玲在实习的时候选择到北京，她觉得到大城市去能学到更多东西。于是周玲玲来到北京的一家眼镜公司，做了 8 个月的“学徒”。在此期间，她不但熟练掌握了验光技术，而且还从销售人员那里学来了销售经验。完成了在北京的实习，周玲玲到杭州的一家青少年近弱视治疗机构上班，在提升自己专业水平的同时，又学到了不少管理方法。

2007 年 4 月，虽然周玲玲已经毕业快一年了，但她一直没有放弃开店的梦想。这时，机会终于向她抛出了橄榄枝：在合肥有个朋友想要把自己的眼镜店转让出去。周玲玲得知这个消息，马上回到合肥，把朋友的这家店盘了下来，从此走上了创业之路。

周玲玲创业时可谓兢兢业业，她的“浩视眼镜店”是整条街最早开门、最晚关门的店铺，有时回到家里，她的心却还在店里。她当时总是随手拿着纸笔，一旦有了新想法，就立刻记录下来。不仅如此，她还挤出时间到各个学校考察，询问学生们的配镜情况，并根据消费需求制定配套活动。周玲玲知道，这些学生就是她的目标客户群，抓住他们的心，就能给店里带来生意。

很多到过“浩视眼镜店”的人，都对周玲玲的印象很深，她不像其他老板，除了给顾客配镜，她还主动找顾客聊天，征求他们的意见。而且，周玲玲遇到不懂的问题，仍然会回到学校向老师询问。就是这种坚持不懈的精神，终于换来了回报。周玲玲的生意越来越红火，到了 2008 年，她又开了一家分店，很多毕业了的学生，还回来找她配眼镜。

周玲玲总说：“创业考验的是一个人的综合素质。”她的创业之路虽然满是惊喜，有着更多的汗水，她坚持做着行业中的有心人，才有了今天的成绩。

也许你会说，成功的机遇总是很偶然，但不能否认，只有那些有身价、有准备的人，才能抓住稍纵即逝的机遇。有些人还在抱怨为何见不到机遇，有些人还在等待机遇的降临，而有些人已经开始背上行囊、做好准备，随时寻找可以把握的机遇。当积极的人与机遇“偶遇”，其他人只能在羡慕的同时，哀叹命运的不公，而且距离成功已经渐行渐远。

现实中总会有这样的人：他们做着最好的梦、畅想着最好的人生、呼唤着最完美的机遇，却从来不充实自己。等机遇从身边溜走，仍然抱怨生活、抱怨社会，从来不会自我反省。这样的人，即使把机遇摆在他们面前，恐怕他们也看不见、抓不住。

无数历史事实和现实中人的实践一再证明，无论大事小事，要想做好，要想成功，务必预先做好准备。准备是成功的条件、过程，成功是准备的目标、结果。自身价值的提升好比是“十月怀胎”，成功只是“一朝分娩”。有价值的人，虽然未必都能获得成功，但获得成功的人，必然都是有价值的人。

维家谈创富

机遇永远等着有身价、有准备的人。愚蠢的人只会错失机遇，聪明的人善于抓住机遇，而只有成功的人才会创造机遇。

兵法三

亿万富翁必备的素质

接受不完美，努力实现完美

一个东西，设计得再完美，因评价标准不同，总有美中不足；一个人，长得再标致，因审美层次差别，总有缺陷存在。金无足赤，白璧微瑕，世间的一切都不是完美无瑕的，所谓的成功者，就是能够坦然接受世间的不完美，努力实现完美罢了。

北宋诗人苏轼有一句家喻户晓的词：“人有悲欢离合，月有阴晴圆缺，此事古难全。”四季有更迭变化，人生有跌宕起伏，自古以来就没有完美的事，也自然没有完美的人。我们的生活也是这样，经过漫漫长夜才会看到黎明；饱尝辛苦磨难才会得到成长；不经历寒冬的蛰伏，怎会有新春的绽放？人生就是一场跋山涉水的旅行，总会有无尽的缺憾，但这才是真正的人生。

每个人诞生在这个世界，都要面对未知，也不会有人无所不知，所以没有一个人可以自称完美。天下没有完美无缺的事物，更何况是人。

从前有个贵妇人，她的儿子送给她一颗非常大的珍珠，妇人看着圆润光亮的珍珠，心中满是欢喜。可是有一天，她忽然发现珍珠上有一个小小的斑点，她越看越不喜欢，心想要是没有这个斑点，珍珠就完美了。于是她找人把珍珠的表层刮了下去，可是斑点还在，她不甘心，依然叫工匠继续刮，结果最后整个珍珠都被磨没了，斑点依然还在。贵妇人后悔无比，如果当初不计较那个小斑点该多好。

无独有偶！

一位年过古稀的老人，一个人花了几十年翻越崇山峻岭，走过千山万水，从未停下寻找的脚步。他在寻找什么？一个和他相遇的年轻人也有这样的疑惑。“我在寻找今生挚爱，然后娶她为妻。”老人回答。“您走过那么多路，见过那么多人，难道就没有中意的吗？”年轻人很是费解，于是莫名其妙地问。“我曾经找到过。她温柔善良、美若天仙，是我见过的最完美的女人。”“那您为什么没有娶她为妻呢？”“因为她也在找最完美的男人。”

读过这个故事的人，是不是也从中找到了熟悉的影子？我们身边总会看到这样的人，也许有时就是我们自己。俗话说得好：“金无足赤，人无完人。”完美本身就是一种不完美，追求完美更是错误的选择。多少用一生追逐完美的人，却一辈子失落、痛苦，甚至不幸。

追求极致无可厚非，但不愿变通，必然会中了完美主义的圈套。就像那个想要除掉斑点的贵妇人，她眼中的不完美，让她无视了更美好的存在，因此最终不仅没有获得完美，反而失去了原来拥有的。只有在不完美中，人们才能找到自己人生的定位。

很多寺庙都供奉有弥勒佛，他总是被放在最接近大门的地方，笑脸迎客；而在弥勒佛像的后面，则是面目阴沉的黑脸韦陀。

据说在很久以前，这两尊佛像被供奉在不同的寺庙里，分别

掌管不同的地方。可是时间久了，人们就发现供奉弥勒佛的寺庙香火极旺，而供奉韦陀的寺庙很快就断了香火。这是为什么？原来弥勒佛总是热情快乐，所以百姓们都喜欢到弥勒佛的寺庙里进香，但弥勒佛不大在意管理香火，所以香火旺也依然入不敷出。韦陀虽然是管账能手，可是一副阴沉的面孔，让百姓们都不敢来他的庙里进香，因此断了香火。

后来，佛祖发现了这一现象，于是把他们两个放在同一个庙里，安排弥勒佛在门前，而把韦陀放在后面。这样弥勒佛负责在前公关，笑迎八方百姓，迎来更多香火。而韦陀就在幕后严格管理财务。如此一来，分工合作的两尊佛像，使得庙里的香火一直不断。

真正有慧眼的人，不会只看到人的长处，而是会根据每个人的长处和短处，优势互补，形成最佳组合。所以不怕有缺陷，懂得扬长避短才是大智慧。

我们渴望完美，但世间给予我们的却是残缺的美。即便是没有沉鱼落雁的美貌，没有聪颖睿智的头脑，没有玉树临风的身材……但是，你就是你，你是独一无二的，你同样是上天创造的杰作。你要学会接纳不完美的现实，努力实现完美的人生。

真正的成功者是在与命运的激烈碰撞中，绽放出光芒并实现自己的人生价值。在这个多姿多彩的世界上，面对不完美的人生，他们坦然接受，积极地用另外一种方式，努力将不完美的人生变得更加完美。

维家谈创富

有缺陷不可怕，可怕的是你将缺陷放大，不肯接受不完美。成功不是靠完美实现的，成功是靠接受不完美而实现的。

敢于归零，勇于空杯

归零、空杯，失去的是过去，拥有的是现在，期望的是未来。在奋斗的道路上，名誉、地位、成功，都会成为我们继续前进的包袱，束缚我们前进的脚步，只有及时归零，勇于空杯，我们才能继续前进。

曾经有一名世界顶尖级的运动员，在各种大大小小的比赛中获得了很多奖，他在自己家里专门腾出一个房间，放自己的奖杯和奖牌。有一天，一位老者到他家做客，运动员向老者展示了自己的荣誉。老者看了看，却对运动员说："你不应该把它们都摆出来，收起来吧，那些成绩都已经是过去的了。"

仔细品味老者的这句话，很有深意。成绩代表过去，沉湎于过去，就会束缚你前进的脚步。人生需要"归零"。每隔一段时间，我们都要将过去"归零"，告别过去，轻装上阵。

每个人都像一个容器，我们每天不停装进新东西，排掉旧垃圾。心灵也一样，我们接受的东西越多，就越容易积累沉渣。适时地清理清理，把那些沉渣倒掉，放掉那些已经不属于我们的东西，忘记那些不值得我们记忆的事情。扔掉那些包袱，你会发现自己随时可以轻松上路。

在所有登山爱好者眼里，世界上没有最美的山峰，因为最美的永远都是"下一座"。他们追求的不是山有多高、有多险，令他们醉心的是攀越过程。在这样的过程中，每一步都充满挑战，每一眼都充满新奇。让自己的心态放空，你的人生才能渐入佳境。

美国作家、企业家罗伯特·清崎的《穷爸爸富爸爸》，为我们打开了一扇全新的致富大门，给很多人带来深刻的影响，人们将其称为商业致富宝典。书中讲了这么一个故事：

故事的主人公是一个篮球明星，可是他已经退役很久了，也没有了过去那么高的名气，为了生活他到一家洗车店打工。老板给了他擦车的活，但是为了不让车有什么损伤，就要求他把冠军戒指摘下来，可是他无论如何都不愿意，并认为这样侮辱了他曾经的荣誉。最后老板无奈将他解雇了。

由此可见，一个人想要让自己获得长期的发展，多么需要具备空杯心态！海尔总裁张瑞敏在领导海尔集团开创新时代时，就曾强调零库存的重要性，正因为他认识到，企业要适应发展，就要抛弃对过去的眷恋，适时放空，才能跟得上变化。

人生的桌面上，总会摆满大大小小的杯具，每个人都像一只杯子。小时候我们这个“杯子”要长，于是不停地往进倒水，当我们长大成人，杯子的容量就愈加有限。这个时候，如果你还是不停地往里倒水，存在杯子底部的还是旧水，新的水全部会流失掉。因此，要时不时地把自己原有的成绩倒掉，再用新的知识和思想填充。不敢抛弃旧观念的人，永远不会适应新的变化，因此，做人就要善于吐故纳新，保持一个好的空杯心态。

联想人事部经理杨彤在接受记者采访时说：“联想的发展离不开团队建设，而公司在建设团队的时候，最重要的理念就是时刻归零。”联想的员工，上至老板，下到业务员，每个人都不会把过去的成绩当一回事，每一天都是新的开始，每一天都要超越过去。

也许你很难想象，在联想成立之初，负责技术研究的胡锡兰，也曾在销售站点站过摊位。她在那时放下了知识分子的身段，却让自己成长为一个优秀的经营领袖，并成为联想总裁柳传志的左膀右臂。还有，联想初期因为缺乏经验，曾经损失了大量资金，联想员工不惜靠卖白菜、萝卜来挽回损失。

在联想公司里，“结果重于过程，功劳优于苦劳”的管理理念，使得公司的制度和文化都获得了全面提升。当联想成为业界公认的“黑马”，成功创出自己的一片天后，面对如潮的好评，柳传志仍然谦虚地说联想只是一家小公司。这样的谦逊态度赢得了更多客户的信任，公司发展也更加快速、平稳。

对我们最有启发意义的，就是现任董事长杨元庆的“归零”经历。在成为联想董事长之前，杨元庆也曾经历过一段难忘的曲折。最初因为工作出色，受到重用的杨元庆也被很多人认定为唯一的接班人。面对自己的工作成绩和众人的支持，杨元庆觉得自己确实是个人物，虽然不至于骄傲自大，但有些时候总会自以为是一些，对于他人的异议，自己也会不轻易妥协。当他与同事产生矛盾时，并没有意识到自己的问题。

终于有一次，杨元庆和同事互不相让、坚持己见，柳传志为此第一次在众人面前毫不留情地批评了他。杨元庆从没受过这样的批评，当时很不服气，还在晚上回家之后写好了辞职信。但当杨元庆渐渐冷静下来，对自己之前的所作所为进行反省后，他终于明白自己的问题，并认为柳传志出于对公司和自己的责任，批评自己是非常正确的。于是他撕掉了辞职信，改写了一封检讨书。

经过这次检讨，杨元庆完成了一次彻底的“归零”。从此，杨元庆更加严格要求自己，终于成为联想新的领袖人物。

在如今这个飞速变化的新时代，过去的成功不能成为未来的保证，只有勇于放空，接受不断变化的现实，才能让自己更好地适应现在。无论是个人还是企业，同质化的成功将会成为致命的陷阱。只有保持空杯心态，敢于归零的企业，未来才有更广阔的发展空间！

维家谈创富

一个杯子装水的量，与它能倒出的量是完全相同的。也就是说，你倒出去多少，就能装进来多少。

善于借力而行，而非亲力亲为

草木依土而生，方显苍翠之色；鲲鹏凭风而举，才能扶摇万里。在追寻梦想的道路上，个人的力量是那么微不足道，亲力亲为无法为你保驾护航，只有“善假于物也”，学会借力，才能扬帆起航，顺利到达成功的彼岸。

在现实中，总有一些老板喜欢亲力亲为，无论任何时候，无论何种场合，都能看到他们的身影。亲力亲为，我们不能说这样的老板不好，但是一个人的能力和精力是有限的，随着企业的发展，要管理的事情会越来越多，老板不必事事插手，要懂得任用贤能，让得力助手来帮自己分担过多的工作。比如生产管理，老板只要抓好业务、生产、销售、财务这几个部门的大方向就好。一个企业如果还需要老板亲力亲为，那么，企业未来的发展前景也很堪忧。

孤胆英雄已经成为历史，时代要求我们学会合作，团队的力量永远强过个人。很多聪明的成功者，都懂得借力使力的道理，因为一个人的精力毕竟有限，要做大事，没有帮手怎么行？所以，懂得借力、勇于借力的人才能创出一片新天地。诸葛亮可谓历史善于“借力”第一人。

都说诸葛亮比周瑜更胜一筹，周瑜不服气，于是让诸葛亮在3天之内造出10万支箭。这摆明了是在为难他，但是诸葛亮不仅毫不畏惧，还是欣然答应。这就是诸葛亮的智慧之处：既然周瑜要的是箭，“造”和“借”有什么分别？于是乎，诸葛亮开始了借箭行动。

他选了一个雾蒙蒙的清晨，在20艘木船上扎满了稻草人，装出一副要攻打曹营的样子。不明就里的曹操发现了诸葛亮的举动，因为大雾迷天，看不清敌人的详细情况，以为对方真的是要来杀他，所以先下手为强，就命军士万箭齐发，以箭退敌。而此时的诸葛亮，远远地坐在指挥船里“收割”，数百稻草人很快就“攒”足了10万支箭。

成功，不在于你做的事情有多少，而是看你能借多少人之力，做多大的事情。况且，一个人的力量终究是有限的，在成功的奋斗之路上，仅仅是尽力还远远不够，必须要学会借力，凭借他人之力，达到自己的目的。

在如今这个时代，只懂得单枪匹马冲进敌营，不仅无法取得胜利，甚至会因此头破血流。我们总能看到很多人都很拼，但他们只是一个人在奋斗，他们要花费比别人更多的时间才能获得成功。可是，在这个资本越来越集中的社会，白手起家的门槛越来越高，单靠自己的力量是无法突围的，只有借力才是上道。

借力不只是一门学问，还是必要的生存技巧。正如荀子所说：善于借车马出行的人，不是没有灵活的双脚，只是因为它可以走得更远；善于借

船出海的人，不是不会游泳，只是因为它可以行到更多地方；善于借助外物的人，没有和其他人不同，只不过因为这样可以更容易获得成功。

伍德拉曾担任可口可乐公司总裁，他的个人信条就是：任何事情都要靠自己完成。因此他从来不喜欢向别人借贷。在经济大萧条时期，可口可乐公司的财务状况曾陷入困境。财务部向伍德拉提出建议，向银行贷款1亿美元，帮助公司渡过难关。可是伍德拉并未采纳这一意见，他坚决拒绝向任何人和银行借钱，并发誓只要自己在位一天，就不让公司向任何人借一分钱。这样的思想阻碍了可口可乐继续发展，一直无法进入大公司的行列。

接替伍德拉的是戈苏塔，在他任职期间，采取了与之截然不同的做法。戈苏塔知道借钱对于解决公司困境的重要性，而且他懂得用钱生钱的道理。因此，只要一有机会，戈苏塔就给公司借钱。在那一段时间，可口可乐公司的债务由最初的2%，猛然飙升到20%。全公司上下都心惊不已，生怕哪天公司会被戈苏塔搞垮。可是戈苏塔从来不担心，因为他已经为公司找到了一个很好的发展方向。他拿借来的钱改建工厂、添置设备，而且投资其他行业。就像戈苏塔自己说的：“既然看准了方向，就不要怕花钱。没钱，借钱也要花。”

令人意想不到的是，这样的行为不仅没有搞垮公司，反而使公司增加了20%的利润。渐渐地，公司股票也随着效益的变好稳定下来，业绩直线上升，后来在股民的竞相追捧之下，可口可乐跃居饮料类行业巨头之位。

不得不承认，可口可乐公司正是靠着戈苏塔借来的钱，逐渐扭转了不利的局面，成为行业龙头。如果戈苏塔仍然像伍德拉一样保守，恐怕我们今天就看不到可口可乐了。

事实证明，优秀的企业家都会依靠借钱来盘活公司，有些企业甚至在初期就是靠借贷才一步步发展起来的。“借人之财，谋己之富”不是一句空话，而是被许多白手起家的富人证实过的。就像小仲马的戏剧《金钱问题》中所说：“赚钱其实不困难，只要学会如何利用好别人口袋里的钱就行了！”

在成功的道路上，我们离不开借力，我们可以向家人、向朋友、向合作伙伴甚至竞争对手借力。有时候，给予也是一种借力。

维家谈创富

假舆马者，非利足也，而致千里；假舟楫者，非能水也，而绝江河。君子生非异也，善假于物也！

只想自己要的，而非自己不要的

没有比漫无目的的徘徊更令人无法忍受的。在奋斗的这条路上，即使走得慢，只要他不丧失目标，总会好过于那些漫无目的的人。明确自己想要的，时刻告诫自己想要什么，然后按照这个高度去奋斗，自然就可以昂首阔步地前进了。

古希腊盲诗人荷马在《奥德赛》中这样写道：“最令人无法忍受的，就是漫无目的的徘徊。”这是一个充满诱惑的时代，同时也是一个自由的时代。每个人都有很多选择，每个人都可以做出自己的选择。很多人之所以彷徨“明天该去向何方”，这是因为他不知道该选择什么。认清自己，

放弃那些你不想要的，拥抱自己最想要的吧！只要我们坚持自己的梦想，成功一定就在前方。

追逐自己的梦想，是一件想想容易，做起来却很难的事。每个人都有自己最想要实现的梦想，但眼前总有太多诱惑，要看清自己的内心并非易事，但正因如此，才需要不凡的气度。问一问自己，什么是自己能够义无反顾地去追求的？看清你最想要的东西，把它当作目标，然后去奋斗、去拼搏，自然就会知道前路该走向何方。纵使今天阴霾笼罩，也终有一天会云开雾散，收获万里晴空。

有一个著名的手表定理：如果给你一块手表，你可以知道时间；如果给你两块时间不同的手表，你就不知道究竟该相信哪一个了。我们走在奋斗的路上，需要的就是唯一的明确的目标，否则我们必然会迷失方向。

现代成功学大师拿破仑·希尔的成功理念，成了很多年轻人的指路明灯。曾经有一个叫约翰的年轻人，向希尔咨询工作问题。这个人头脑聪明、彬彬有礼；大学毕业4年，还没有结婚；他对生活充满了热爱，可就是烦恼找不到满意的工作。

约翰大学毕业后，进入一家物流公司工作，可是干了一段时间发现自己不喜欢这个工作，于是又换了一家保险公司。结果只做了一年的保险销售员，就又想换工作了。在这4年中，约翰总共换了5次工作。每个公司老板都很赏识约翰，希望他能留下，可是约翰就是找不到待下去的理由。

当拿破仑·希尔听完约翰的讲述，微笑着问："你找我来，就是想让我帮你换工作，是吗？"

"对。"

"那么你喜欢做哪一类的工作？"

约翰犯了愁："这就是我为什么要来找你，连我自己都不知道到底喜欢做什么样的工作。”

拿破仑·希尔并不惊讶，这是很普遍的问题。希尔当然可以帮他介绍几个老板认识，但这样根本没有多大帮助，因为约翰没有准确的目标，漫无目的地寻找，无法改变任何事。

于是，拿破仑·希尔又问他：“那么你对自己未来10年有什么想法吗?”

约翰想了一下：“也没什么，就是希望有一份待遇优厚的工作，成立一个幸福的家庭，但我从来没深入考虑过。”

拿破仑·希尔希望约翰能够找到关键，于是对他说：“很多人都这么想。但是，约翰，你要知道，现在的你就好像到机场去跟售票员说‘给我一张机票’一样。你自己都不知道目的地是哪儿，别人怎么卖票给你？你不妨先想一想自己究竟想要什么吧。”

没有人知道你要到达的目的地，只有你自己知道。的确如此，在成功的这条道路上，你想要做什么，你的终归目的地将要到哪里？没有人比你自己更了解。所有的成功人士，从一开始就有明确的目标，知道自己的目的地，进而一路向前，坚持奋斗。

如果像这位年轻的先生约翰一样，对人生没有任何明确的企图，就像一个人在大海里划着小木船，没有罗盘、没有灯塔，就这样一直飘飘荡荡，再过多久也只是在随波逐流。如果反过来，为自己确立一个明确的目标，就等于给自己确立好了目的地，如此才能坚定信念，充满激情地向前迈进。成功随处可见，关键是你有没有瞄准一个目标。

一百多年以前，两个孩子和父亲一起到山上放羊。儿子们看着天空自由自在的鸟，心里羡慕不已。“它们要飞到哪里去?”小儿子指着天边的一群大雁问。父亲看了看天空，说道：“它们要飞到南方去。”

“我们也能飞吗？”大儿子看着远去的大雁，忍不住问道。父亲笑了笑，对两个儿子说：“你们也能飞起来！只要你们相信自己可以飞，并朝着这个方向努力，总有一天你们也能像鸟儿一样飞起来！”

兄弟俩深受鼓舞，从此两人想尽一切办法飞上天空，最终他们成功把自己送上了天，也实现了全人类飞行的梦想。他们就是莱特兄弟。

登上人生的竞技场，不知道终点在哪里的人，永远不会获得成功。很多人不是缺乏自信，更不是不够聪明，或者能力不够，他们仅仅是因为没有准确的目标，从而碌碌无为。就像射击比赛，找不准标靶，射再多次也没有成绩，更不可能在比赛中获胜。

在通往成功的道路上，我们需要有明确的目标，时刻铭记：只想自己要的，才知道自己将要向哪个方向而努力，才能不得过且过，才能将平凡的 24 小时过得精彩；只想自己要的，人生才有前进的动力，即便是遇到困难、挫折，也不灰心丧气，每天努力一点一滴、一步一个脚印地实现自己的梦想。

维家谈创富

灵魂如果没有确定的目标，它就会丧失自己。正如俗语所说：“无所不在等于无所在！”

资源整合的顶尖高手

一个人整合能力的大小，决定了成功的大小。我们的身边有很多珍珠，需要一根线把那些珍珠串起来，做成一条光彩夺目的珍珠项链，这条线就是一种新的思维——整合。

先来讲一个故事：

在美国一个平静的小镇上，一位老父亲和小儿子相依为命，老伴已经离开人世，另两个儿子在城里工作，自己身边就这么一个宝贝，因此分外疼爱。

有一天，一个从城里来的商人来到这位父亲家，他说要把他的小儿子带到城里去。老人非常愤怒，觉得商人诚心和自己作对，并想要把他赶出去。商人却毫无惧色，反而继续说服老人，“我可以给你的儿子找一份好工作，再给他娶一个好老婆。”“那也不可以!”老人还是不同意。最后，商人对老头说：“我可以介绍洛克菲勒的女儿给他做老婆，你看行吗?”老人仔细想了想，洛克菲勒可是石油大王，他家简直是富可敌国了。最终，老父亲同意了商人的要求。

两天之后，商人又来到洛克菲勒家里，他说：“洛克菲勒先生，我觉得您应该再找一个女婿，让他成为您的得力助手，我这里正好有个人选。”洛克菲勒说：“不劳你费心，想追求我女儿的人可以绕地球一圈了!”商人说：“那如果我介绍的这个人，是世

界银行的副总裁呢?”听到这里，洛克菲勒最后点头同意了。

又过了两天，商人又来到世界银行总裁的办公室，他对总裁说:“先生，我向你推荐一个人，你现在有必要马上任命他为副总裁。”总裁先生很不以为然:“那是什么人?这里的副总裁够多的了，我为什么要听你的?”商人说:“因为他是洛克菲勒的女婿。”结果总裁先生欣然答应任命这位副总裁。

这就是一个资源整合的故事，这个人就是通过资源整合的方式，将一个农民的儿子既变成了洛克菲勒的女婿，又变成了世界银行的副总裁。

目前，资源整合已经成为一个时髦的词语。那么，何为资源整合呢?资源，不必多说，是所有企业可以利用的人力、物力、财力和其他因素的总和；整合，即是把这些资源系统化地合理利用。对内，要将各部门之间的功能协调起来，为共同的目标合理运作；对外，要使各方面的独立经济利益体整合，形成一个以企业为中心的服务系统。通过内外资源的协调整合，获得“1 +1 >2”的营运效果。资源整合，是每个企业在处理日常工作时的必要手段，同样也是企业进行战略调整的必要举措。

我们经常会遇到这样的现象，那些世界级优秀企业的企业家们“不务正业”，忙于做慈善，或者深居简出，不为世人所熟知。可是为什么他们的企业照样能做大做强?为什么你每天拖着疲惫的身躯回家，却还是只能守着一个小小的企业?其答案就在于他们是资源整合的顶尖高手。可以说，一个人整合能力的大小，决定了其成功的大小。

牛根生在创立蒙牛集团之初，遇到过和所有创业者一样的困境，但在牛根生和其团队的努力下，蒙牛却一路突飞猛进，以火箭般的速度奋起直追，成为国内乳制品行业的翘楚。

为了优化生产，牛根生将农村信用社、当地政府、养牛农户

> 和公司员工，全部整合起来为蒙牛发展出力：他整合当地个体户投资买车，解决了运输问题；整合政府供地、银行出钱、员工分期贷款，解决了员工住房问题；整合农村信用，让当地农民贷款买牛，蒙牛包销，解决了奶源问题。

世界上有那么多资源，不可能都集中在一个企业家身上，每个企业家手里的资源都有限。因此，想要利用有限的资源获得更多回报，就必须灵活支配自己和他人的资源，做到互惠互利、资源互补。要掌握资源整合，就要先遵循这一重要法则，凡是成功的企业家，也必然需要具备这样的思维模式。

一个身家过亿的人，我们很难说他是失败的，但问题是这样的人少之又少。于是，能够合理利用一切资源，使之为企业带来更多效益，就成为一个高级管理者成功的标志。那么，如果你也想成为一名成功人士，需要学会将哪些资源整合起来呢？

1. 时间资源

人们常把时间比作生命、比作金钱。生命有限，价值无限，在几十年的生命里，我们没有太多时间考虑多种选择，因为一条路走起来，就很难再回头，即便是变道，也不可能离原来的行业太远。年轻人当然认为时间就是资本，追逐梦想的道路上不怕失败，可从头再来；但人到中年，才发现前半生有很多事情没有机会尝试。人生就是这样，时间匆匆如流水，不会等待、不会停歇，只有坚定一个目标，走好一条路，成功才会等在终点。

2. 知识资源

过去常说“知识改变命运”，如今知识改变的不仅是命运，知识决定

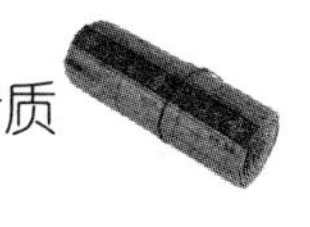

着你能否在竞争中占据一席之地。很多专家都曾预测，进入21世纪，各个国家间战略地位的变化，最重要的影响因素就是综合的知识实力。从科技发展到人才培育，大到国家核心技术，小到公民受教育程度，都会决定一个国家的实力。知识已然成为国家战略资源，更是经济发展的战略资源。因此，一个拥有过人专业知识和能力的人，必然会获得更多成功的机遇。

3. 人际资源

人类社会就是由人组成的，任何人做事都会受到他人影响，也同时会影响他人。在专业知识、业务能力都非常突出的前提下，拥有良好人际关系的人，比普通人更具有竞争优势。据统计，在一个人的成功因素中，人际关系可以占到60% ~80%的贡献率。可见，对于成功来说，良好的人际关系是必不可少的因素。

4. 健康资源

人不是机器，工作也不是单纯的机械操作。没有一个健康的体魄，怎么进行伟大的革命？在现实生活中，很多时候我们都要面临巨大的困难，为此我们要付出巨大的心力，加班加点地工作在所难免。因此，保持一个良好的身体状态，在日常工作中注意劳逸结合、张弛有度是非常重要的。另外，从事一些特殊行业和岗位的人员，要先考虑自己的身体条件，量力而为。

5. 金钱资源

有句话说得好："钱不是万能的，但没有钱是万万不能的。"作为世界公认的流通资本，从最低限度的保证温饱到满足个人生活需要，再到提升个人能力水平，甚至投资创业，哪个追求都离不开钱。所以，整合资金，学会理财，也是走向成功的关键。

维家谈创富

成功的道路上不在于你缺少什么，而在于你怎么把它们整合起来。

总是站在别人的角度看问题

不同的生活、不同的环境、不同的人生观、不同的思考方式，使得每个人思考问题的角度都不相同。学会运用换位思考定律，人与人之间的关系将会更加融洽。将心比心、设身处地地站在对方的立场考虑问题，是成功者不可或缺的心理素质。

有一位非常有名的歌手，他第一次开演唱会，走上台后说的第一句话是："你们好，我来了。"时过境迁，十年过去了，他站在自己的舞台上，面对歌迷说的第一句话是："谢谢大家，你们来了。"简简单单的几个字，映照出了一个人的心态变化：过去他认为自己最重要，现在他把歌迷放在第一位。换位思考，说起来是很轻松的事，做起来却没那么容易。有时候，我们换一个位置思考，看到的是不一样的世界，体会到的是不一样的人生。学会换位思考，你会更容易走向成功。

福特曾告诉我们成功的秘诀之一，就是了解别人，而了解别人最好的方法就是换位思考。转换位置，可以让我们更好地了解别人的想法和态度，从而进行更好的沟通与交流。除此之外，如果在竞争中能从对方的角度考虑，就会对形势作出更加全面的判断，帮助自己有的放矢、直指要害。

小赵在大学时学习的是机械动力，毕业后到一家汽车公司做质检员。和其他职场新人一样，小赵拿着最低的薪水，做着最多的工作。但小赵从来没有抱怨和厌烦，反而对自己的工作充满热情，对每一个工作环节都很认真。

半个月后，小赵发现公司的生产效率有所下降，而且产品质量也有所下滑，他觉得有必要向上司反映一下情况。于是，他向部门领导说出了自己发现的问题，并对当下的市场进行分析，说出了自己的改进想法。起初领导没有太在意，小赵多次向领导反映，领导始终没有明确表态。同事们也劝阻他，说公司给他那么点工资，何必这样卖命呢？可小赵觉得这不只是一份工作，它更是自己的事业。

之后，经过多次协商，公司老板也发现生产中存在着亟待解决的问题，于是老板听从了小赵的意见，对公司进行了彻底的改革，生产效率果然得到了提升，产品质量也有所提升，市场占有率也明显扩大。小赵也因此当上了副总经理，薪水翻了几倍。其他同事都以小赵为榜样，认真对待自己的工作，不断提高自己的业务水平，争取创造更多价值。

年轻人小赵凭借自己对工作的态度，将工作当成自己的事业，给自己带来了升职的机会。而如果小赵像其他人一样，不关心工作以外的事情，就不会有后来的成绩。将工作当成自己的事业，站在老板的角度考虑问题，会给自己带来很多有利的机会。

在奋斗的道路上，不能仅考虑自己的利益，而应该多考虑对方的利益。要知道，企业的利益、老板的利益和员工的利益是紧密相关的，所以，要想取得成功，老板就要站在员工的角度上考虑问题，员工则要坚持站在企业、老板的立场上进行思考，时刻将个人的前途、企业的发展和老板的利益结合起来考虑。只有这样，才能尽快取得效益最大化，实现企业、老板和员工的多方“共赢”。

从前有个少年问智者：“我怎么才能让自己和别人都过得快乐呢?”智者微笑着回答：“你只要记住四句话就可以了。”少年接着问：“哪四句?”智者回答说：“己为人，人为己，人为人，己为己。”

少年当时并不知道其中的含义，智者却仍是但笑不语。当少年变成青年，再变成中年，最后直到老年，他才完全明白了这四句话的含义。某一天，他的孙子跑来问他：“爷爷，我想要变得快乐，也想要让别人和我一样快乐，该怎么办呢?”老人也把这四句话告诉了孙子，并解释了其中的含义：

“己为人”，就是在自己得意和失意时，把自己当成别人，如此就能理性地看待问题，不被一时的冲动情绪所影响；“人为己”，就是多站在对方的角度思考，把别人当成自己，关爱、包容、理解，这样你就会主动帮助他人；“人为人”，即是把别人当成别人，尊重别人，倾听别人的意见和看法，不干涉别人的自由，不自以为是；“己为己”，即是把自己当成自己，认识自己，接受自己的不足和缺陷，对自己的行为负责，独立、自主。

以人为镜，可以知得失。很多时候，我们一味强调自我，反而会让自己陷入盲区。学会跳出自我的局限，换个角度思考，选择从更多视角来观察自身和社会，你就会发现，很多难以忍受、难以理解的事情，都会豁然开朗。与人相处更是如此，将心比心地为对方考虑，就会多一些理解和包容，少一些误解和指责，这不仅对个人的成长十分有益，也会增进人与人之间的和谐相处。

习惯于从自我角度出发思考事情和解决问题，是一个普遍存在的思维盲点。这样的思考方式非常有局限性，使我们圈在一个很小的范围内，无法全面地看问题，从而产生很多不必要的误解和矛盾。如果能换一个角度，站在对方立场考虑问题，就会多一分包容和理解，与同事的距离就会更接近，关系也会更好，这样的工作团队才更有凝聚力。

维家谈创富

把自己当成别人，把别人当成自己，把别人当成别人，把自己当成自己！

兵法四

格局之锅决定事业之饼

有多大的格局，就有多大的事业

人生犹如建高塔，要想高，底盘就得大，格局就要宽阔。高高的塔尖是你自己，而底盘就是你的格局。你的心有多宽，你的舞台就有多大；你的格局有多大，你的心就能有多宽。放大你的格局，你的人生将不可思议。

一个人能成就多大的事业，很大程度上取决于他的格局。如果齐桓公是个小肚鸡肠、斤斤计较的人，恐怕很难坐稳王位，更不会取得无人能及的伟业。

公元前685年的一天，齐国公子纠和公子小白得知兄长齐襄公去世的消息，日夜兼程赶回国都。两个人谁都不敢停歇，因为最先回去的人，才最有可能获得王位。管仲是公子纠的老师，自然希望公子纠继位。于是管仲和几个精锐追上公子小白，并向他射了一箭。公子小白中箭落马，管仲看到公子小白已死，就放心回禀公子纠，一队人马不紧不慢地向国都行进。

实际上，公子小白并没有被管仲射中，他看见飞来的利箭，立刻蜷起了身子，所以只是受了些皮外伤，而且故意落马装死，就是为了蒙骗管仲。等管仲一行人离开后，他和侍从快马加鞭赶回国都，完成了继位。公子小白就是历史上有名的齐桓公。

当管仲和公子纠赶回齐国，却发现为时已晚，于是管仲连夜逃到鲁国。齐桓公知道管仲逃避，于是立刻派人去抓管仲。当士兵押送管仲回到齐国后，只见齐桓公和众多大臣、士兵都站在城门外。

管仲以为自己必死无疑，齐桓公一定会因为那一箭之仇杀了自己。可是令管仲万万没想到的是，齐桓公不但没有追究他射伤自己，还亲自解开他的刑具，并当众宣布任命管仲为齐国的国相。

管仲闻言，羞愧难当，于是对齐桓公说："大王可还记得我曾用箭射伤了您？"齐桓公笑着说："当初那一箭是你为公子纠射的，这正说明你是个忠心护主的臣子，因此我才更敬重你。"管仲被齐桓公的胸怀所折服，自此对齐桓公忠贞不贰，辅佐齐桓公成为一方霸主。

中国历史上有很多像齐桓公这样杰出的君王，他们的成功往往不是靠单一的因素，但他们往往都有一个共同的关键原因，就是有着广阔的胸怀。就如齐桓公，面对优秀人才，即使是曾经谋害过自己的人，也能不计前嫌，委以重任。正是如此的胸襟，才引得四方贤才良将集聚齐国，建下一代丰功伟业。

如果我们用锅来烙饼，能烙出多大的饼，完全取决于锅有多大。你想烙的饼越大，就需要越大的锅，没有那么大的锅，你的大饼就烙不成。理想就是我们想要烙的那块饼，没有足够大的人生格局这个"锅"，再大再美好的理想，也只能是空谈，永远无法实现。

松下幸之助家里有一个花匠，有一天他看见松下幸之助到花园来散步，就大着胆子上前说话：“社长，您经营着那么大的一家公司，住着这么好的别墅，而我就是一个普通的花匠。我觉得自己很没出息，您看能不能给我一个发展的机会呢?”松下很高兴地回答：“好啊，你有什么特长吗?”花匠想了想说：“我没有别的本事，就会种花而已。”于是松下说：“那这样吧，公司里有一块大概10万平方米的空地，你帮我种些花木怎么样？树苗和花种还有肥料都由我来提供，你只要负责种植、施肥、除草等技术工作就可以了。最后我们平分收入，你看好吗?”花匠一听到这么大的工程交给自己一个人，顿时没了主意，连忙摇头说：“我从来没做过这么大的生意，我肯定做不好。”结果，花匠一辈子都在松下家种花，每月拿着固定的工资。

和很多人一样，花匠也想多赚些钱，让自己变得像别人一样能干，但是他却承担不了巨大的高额利润，还没有尝试，就觉得自己不行。换句话说，他没有宏伟的“野心”，也就没有开创伟业的自信，即使他再有专业技能，也很难有发挥和提升的空间。试想，一个没有远大抱负的人，怎么可能创造奇迹?

财富是很多人追逐的梦想，但不是所有人的梦想，而且不同的人对待金钱的欲望也各不相同。普通人想成为有钱人，在不同的阶段也有不同的层次。比如刚开始，只是希望有一套自己的房子，当愿望实现后，又希望可以换一套大一点的；接着，买了大房子又希望有一辆汽车，于是又经过不懈的努力，终于买上了自己喜欢的车。这是非常普遍的对于财富的追求。

正如中国当代知名文化女学者于丹所言：“成长问题的关键在于自己给自己建立生命格局。”如果一个人能建立起一个大格局，他的视野也会随之宽广，未来的发展之路才能越走越远、越走越宽。

人生如棋局，你的人生如何发展，关键在格局。想要下赢这一盘棋，就要先把握住整个局面，这样在与人对弈的过程中，才能在每一次博弈中获得优势。凡是最终能赢得棋局的人，都是那些能从全局统筹、懂得先予后取、运筹帷幄的高手。

在每个人为理想而奋斗时，想要获得多大舞台，就需要你有多宽广的胸怀；想要取得多大的成就，就需要你具有多大的格局。放大你的格局，你将会创造一个非同凡响的人生。

维家谈创富

大境界才能有大胸怀，大格局才大有作为。

人生在世首在做人，而不是做事

人来一世，无外乎两件事：一件是做人，另一件是做事。做人是根本，更是一门学问。成功者之所以成功，就在于做人成功；失败者之所以失败，就在于做人失败。选择怎么样做人，就选择了什么样的人生。

无论我们说人生有多么玄妙，其实总结起来无非就是两件事——做人与做事。这两件事说来容易做来难，很多人穷其一生，都很难把握好这两件事。因此，人生有输赢，人世有成败。李嘉诚算得上是个成功的人了吧？他的处世态度就是先做人，后做事。可见学会做人，事业自然也就会顺风顺水，成功也就不再遥远。

哈佛大学一位行为学教授曾经说过，做人是做事的前因，做事是做人的后果；难以掌握好这两点的人，永远只能徘徊在人类边缘。没错，只有

经历了做人的历练，才能学到做事的方法；只有锻炼出过人的心智，才能做出非凡的事迹，如此实现事业的成功。

位列全球五百强之一的杜邦公司，是很多人梦想的工作之所，但公司对员工也有着极高的要求。有一次公司招聘新员工，其中一个年轻人表现非常好，轻松地通过了前两轮的面试。可是到了最后一轮，年轻人面对严肃的面试官，紧张的心情使得他发挥得很糟糕，结果当然被淘汰了。

年轻人非常沮丧。在他正要起身离开时，忽然发现手臂被椅子的扶手刮破了，于是他向面试官要来一把小刀，把扶手上的木屑刮平，确认不会再划到手以后，才转身离开。

结果，他的举动引起了面试官的注意："你既然已经被淘汰了，为什么还关心椅子上的木刺？"年轻人不好意思地说："我只是觉得它可能还会伤害后面的面试者，所以就把它刮平。这跟面试结果没什么关系。"

面试官走到年轻人面前，赞许地拍着他的肩膀说："恭喜你，明天可以来上班了！"年轻人不敢相信自己的耳朵。面试官向他解释说："我认为一个人的人品，比他的工作能力更重要，你是我们公司需要的员工。"

在成功的道路上，无论你从事哪种职业，也无论你在哪个岗位，突出的业绩并不代表一切，做事成功并不意味真正的成功。因为一个真正成功的人，还要有优秀的人品。人品，其实就像火车的路轨，而才能则更像发动机。如果路轨偏了、方向错了，发动机的性能再好、功率再大，也无法到达最终的目的地。

闻名世界的实业家马歇尔·菲尔德曾经说过这样一句话："对于一个

初出茅庐的年轻人而言，做人的首要品质是诚实、勤奋、节俭和正直。这些品质比什么都重要，是任何时代都不能缺少的。一个人如果没有这些品质，就算再聪明，也必定一事无成。”世界著名企业索尼的创始人盛田昭夫也说：“如果你有某种权力，那算不了什么；但如果你拥有道德良知，你就会获得许多权力无法获得的东西，这就是每一位优秀雇员都应具备的素质!”可见，真正的成功之道，在于做人。

富兰克林年少时也过着窘迫的生活，全家人都不得不为了生计东奔西走。当然连年少的富兰克林也要早早就离家谋生，补贴家用。后来有人给富兰克林介绍了一份工作，在费城的一个印刷工厂里，需要一名熟练的排版工人。工厂老板凯莫知道富兰克林懂印刷，于是就高薪聘请他管理自己的厂子。

可是当富兰克林在工厂里工作了一段时间，发现老板并不像起初说的那样请他管理工厂。因为工厂中的其他工人都是生手，富兰克林的工作几乎就是给他们做培训，说不定等他们都学会了，老板就会赶走自己。可即便如此，富兰克林也没有因此懈怠，他依然非常认真地给那些工人教授技术，他想既然自己做这份工作，就要做好。

果不其然，过了几个月，老板觉得其他工人的技术都掌握得差不多了，就开始对富兰克林的工作挑三拣四，各种“找碴儿”，甚至无故减少了他的薪水。有一次，老板因为工人把印刷纸张堆在了门口，就对富兰克林大发雷霆。

这使得富兰克林忍无可忍，终于当着所有人的面，揭穿了老板请他来的目的，并明确地告诉他：“凯莫，我很早就知道你的想法，但我不会因此教授工人错误的技术。现在我履行承诺，帮你训练好了工人，看来是该离开的时候了。”于是富兰克林头也不回地离开了工厂。

后来，富兰克林自己开了一家印刷厂，凭借着精湛的印刷技术和良好的人品，印刷厂的生意越做越大，最后成了一家远近闻名的企业。除此之外，富兰克林还在科学界、政治界等领域成就非凡，其德才兼备的形象，成为世界公认的光辉典范。

成功之道，在以德而不以术，以道而不以谋，以礼而不以权。俗话说，饭要一口一口地吃，事要一件一件地做。做人踏实本分，才能获得别人的尊重，自己也能够问心无愧。所谓成就感并非是一步登天，而是在一步一步走过后，回头再看来路时的那种发自内心的欣慰与愉悦之情。

维家谈创富

先做人，后做事，只有做人到位，才能做事成功。

有大志向的人，无小是非

我们的生命从一开始就进入倒计时，因此，千万不要让无谓的鸡毛蒜皮小是非白白地浪费有限的时间。人生的成功不在于得到的多，而在于索取的少。真正有大志向的人，目光长远，宽容大度，不会因为眼前的鸡毛蒜皮小是非而有所改变。

人生道路蜿蜒曲折，谁也不会一辈子顺风顺水。要相信，无论我们选择怎样的道路，总会有艰难险阻，总会有坎坷艰辛，既然无法避免，何不放开胸怀，包容这些难以避免的挫折？只要我们坚定远方的目标，就不怕做错事、走错路，没有磨砺，哪有辉煌?

从前，有一个年轻的小混混，脾气非常暴躁，一跟人发生争执，就会大打出手，街坊邻居都不喜欢他。这一天，小混混四处闲逛，不经意间走到了云禅寺，正好有一位云游至此的禅师讲法。他心想闲着也是闲着，不如听听老和尚在讲什么。

禅师讲了一个时辰，小混混终于听不下去了，于是走到禅师面前，指着他的鼻子问："喂，老和尚，你说不要跟人计较小事，那如果有人故意跟你过不去，难道就不还手了?"禅师说："凡遇小事，忍就罢了。"小混混嗤之以鼻，当下就向禅师吐了一口唾沫。可没想到，老禅师没有一丝愠色，依然稳如泰山地坐着。"我这样羞辱你，你难道不怨恨我吗?""有何可怨恨?过一阵儿，风就会把唾液吹干。既然终究不留痕迹，我又何必在意?"小混混气不过，于是挥起拳头就向老禅师打去。只见禅师身子晃了一晃，很快又坐回到原来的位置。"怎么样?这下我看你还坐得住吗?"没想到老禅师只是笑着说："我的头像石头一般硬，痛的可是你的手!"小混混顿时哑口无言，规规矩矩地坐下来听老禅师继续讲法。

作为凡人，也许很难达到像老禅师这样了得的境界，但我们能做的就是尽可能地包容。包容他人，包容他人的所作所为。对于一些不触及原则的小事，不必要斤斤计较，让自己的心胸豁达一点，就会少很多烦恼，也不会四处碰壁。用包容的心态对人对事，别人也会以同样的心态对你。

风雨过后总会有彩虹，越是猛烈的阴雨，过后就能成就越绚丽的天空。悲伤会有，沮丧会有，但只要坚信前方有幸福等待着你，就不会计较脚下的荆棘。既然有所追求，就不应计较是非小事，成功的人都会拥有一

个不拘小节的胸怀。

有这样一则小故事：

威尔·罗吉士的父亲在去世之前，把牧场交给他管理。为了打理好农场，罗吉士每天都要亲自处理事务。结果有一天，由于自己的疏忽，一头牛从农场走失了。后来仆人回来报告，发现那头牛闯进一家农户的菜地里偷吃玉米，结果被农夫杀死了。按照当地农场约定俗成的规矩，农夫应该向罗吉士说明原因，可是农夫一直没有来找他。罗吉士为此大为光火，于是决定带着仆人去找农夫理论。

他们去找农夫的那一天，正巧遇到寒流来袭，两个人和他们的马都快冻僵了。等好不容易到了农夫家，农夫却不在家。农夫的妻子见罗吉士和他的仆人满面冰霜，立刻请他们进屋取暖，并热情地给他们倒上热水。等罗吉士暖和起来，他发现农夫的妻子干瘦憔悴，她的5个孩子也像猴子一样瘦小。

没过多久，农夫风尘仆仆地回到家中，妻子告诉他罗吉士他们冒着严寒专程赶过来，说有事找他。正当农夫询问罗吉士有什么事时，罗吉士却把本来想质问的话吞了回去，只是说明了自己的身份，并询问农夫家里的情况。农夫以为罗吉士只是来慰问他们，满心欢喜地与他握手、拥抱，还热情地让他们留下共进晚餐。

在准备晚饭的时候，农夫非常抱歉地对罗吉士说：“十分抱歉，委屈你们只能吃些豆子和蔬菜了。本来今天有牛肉可以吃，但因为寒流的来袭，一时处理不完。”一听到有牛肉，孩子们立刻两眼放光。仆人以为罗吉士会就此谈到正事，没想到罗吉士完全没有这个意思，反而开心地与这家人一起吃饭。大家有说有笑直到晚饭结束，罗吉士都没有提到有关牛的话题。吃过晚饭，天气还是没有好转，罗吉士不得不和仆人在农夫家里留宿。第二天一早，他们又吃了一顿简单而丰盛的早餐之后，就向农夫一家告辞了。

在回去的路上，罗吉士依然对牛的事闭口不言。回到农场，仆人终于忍不住问他："主人，为什么不向那个农夫讨个说法？"罗吉士只是微微一笑，说道："我本来很生气，但是看到农夫一家人，觉得我不应该再提牛的事。那头牛没有白白损失，因为我因此获得了人情味。牛没有了可以再养，但失去人情味，就再也找不回来了。"

生活中，大多数的人都在追求物质上的满足，经常为了小事斤斤计较，可是当物质需要得到满足之后，我们的心是否真的充实了？故事中的罗吉士尽管失去了一头牛，却换得农夫一家人的笑容和幸福以及难得遇见的人情味，这段经历更让他懂得了生命中哪些才是无价的。不得不说，罗吉士是一位成功者，至少在做人方面很成功。他没有将眼光放在牛上，而是生命中无价的东西。这样的人，要想成就自己的一番事业，相信一定不是什么难事。

不少人把各种各样的"小聪明"看成是非常精明的表现，因为这样可以获得更多利益嘛！但其实，这是最愚蠢的做法，那些事事爱占小便宜的人，没有大胸怀，很难做成大事，也很难获得成功。斤斤计较，是为人处世的大忌，无论是面对同事、上司还是客户，都会给人留下狭隘自私的印象。

凡是那些计较小事的人，都很难在职场获得好人缘，更不会有升职的机会。相反，如果能够做到心中有大志向，在工作中不斤斤计较一些鸡毛蒜皮的小事，以宽阔的胸怀待人处事，以严格的标准要求自己，不为一点

点的蝇头小利与同事、客户计较，这样的人才能处处受到成功之神的青睐。

维家谈创富

凡事不能不认真，凡事不能太认真。

人生最大的敌人是自己

人生最大的失败是懒惰，人生最大的愚蠢是欺骗，人生最大的错误是自卑，人生最危险的境地是贪婪，人生最可怕的作为是只说不动，人生最可怜的情绪是嫉妒，人生最大的痛苦是痴迷，人生最大的罪过是自欺欺人……一句话，人生最大的敌人是自己。

人类自出生以来，都是在用两只眼睛看世界，于是我们常常把一些外在威胁当作最大的敌人，很少有人能够看到自己的内心，发现隐藏在我们身体里的真正的敌人。其实，只要我们认真反省一下自己，就会发现那个狭隘的自己、自私的自己、目光短浅的自己，都是如影随形的敌人。如果你肯反思，就能发现自己的局限性，从而更客观地认识自己、了解自己。

有一个美国人，曾经是一家大公司的老板，但金融危机卷走了他所有的资产。一夜之间，他从一个企业家沦为流浪汉。有一天，他去找罗伯特·菲利浦，想要问问他自己该如何做，才能东山再起。

菲利普看着他，忧愁的神情，茫然的眼神，邋遢的外表，给人一种颓废、沮丧的感觉。过了许久，菲利普对那个人说："你现在的境遇我帮不上任何忙，不过我知道有一个人，一定可以帮你渡过难关。你愿意和我一起去见见他吗?"听到菲利普的话，流浪汉的眼中又闪现出了光辉，急忙拉住菲利普的手："快带我去!"菲利普带着他走到另一个房间，掀起了一块窗帘布，一面镜子出现在他们面前。

流浪汉看着面前的大镜子，手足无措。菲利普让他仔细看着镜中的自己，说："我说的就是这个人，在这个世界上，只有他能让你东山再起。你认为自己为什么会失败？是因为形势不好，对手太强？都不是，你只是没有战胜自己而已。"流浪汉走近镜子，专注地盯着里面的人。他看到了一个从来不认识的人，他摸着自己蓬乱的头发、坚硬的胡楂，还有破烂的衣服。过了几分钟，流浪汉突然泪流满面。

一个月后，菲利普偶然又碰到了那个人，他已不再是流浪汉。此时的他，又重新找回了自信，穿着挺拔的西装，抬头挺胸地走在街上，完全不同于过去那个颓废的流浪汉。再后来，那个人真的重回华尔街，创立了自己的商业帝国。

每个人都是自己故事的主人公，走着不同的人生道路，编织着不同的人生际遇。或得意或失意，都是我们必然要经历的事情。成功时不会得意忘形，失意时也不会自暴自弃。唯有在每个人生拐点都给自己一面镜子，让自己无所遁形，才能不受表象影响，看清真实的自己。心得自在，身才自在，成功自在。

人性自有弱点，无出其外。当我们把目光集中于别人身上，凡事都要和别人争出个高下之时，那个隐藏起来的自己，正在不断膨胀。当这个膨胀的自己达到极限，就会阻止我们成长，如此一来就容易被别人打败。因此，想要战胜别人，就要先战胜自己。

从前有两兄弟，青年时家里发生了一场大火。因为正值深夜，当兄弟俩发现着火时，火势已经难以控制。当消防队员好不容易将他们救出时，整个房子已经被一片火海吞噬，最终只有他们两兄弟活了下来。

可是，死里逃生的兄弟俩也重度烧伤，即使经过植皮，也变得面目全非。弟弟看到自己的样子，失去了面对生活的勇气，觉得自己没有再活下去的必要，于是他总是说一些丧气话。但哥哥是个乐观的人，每当看到弟弟唉声叹气，就鼓励他要对未来充满信心。哥哥总对弟弟说："我们能活下来，就是最大的幸运。人们不是常说'大难不死，必有后福'吗？你要相信，我们将来会过得更好。"

兄弟俩出院以后，弟弟总觉得别人都在歧视自己的容貌，越来越觉得生无可恋，于是在某一天服用安眠药自杀了。哥哥对弟弟的死悲痛不已，可他还是顽强地活着，艰难地生存了下来。每次遇到艰难的时刻，他总是告诉自己，明天一定会比今天好。

有一天，哥哥在桥边看到一个想要轻生的人，于是当机立断把他救了下来。那个灰心丧气的人，让他想起了自己的弟弟，于是严厉地告诫他不该轻视生命，并把自己的遭遇告诉了他。

原来那个人以前是一个百万富翁，因为炒股失败而倾家荡产，所以想要结束自己的生命。但他被哥哥的话深深打动，决定活下去。就这样，两个人一起打拼，最后成就了一番事业。

劫后余生的弟弟，就是因为没有战胜自己的软弱，让心魔不断膨胀，直到自己不堪重负。但与之不同的哥哥，反而勇敢地战胜了自己，不仅走出了过去的阴影，还创造了美好的未来。所以，自己才是一个人最大的敌人。无法认识到自己的弱点，不能正视自己的缺陷，就找不到自身的优点，也就不会有坚强的意志战胜自己，同样也不可能获得飞跃。

人生最大的敌人就是自己，每个人的终极任务就是战胜自己的心魔。每一次的反省自检，都是对自己的一次重新洗牌。通过自省认识到自身的局限，就意味着你的人生层次又获得了一次提升的机会，战胜自己就能获得真正的进步。过分地执着于过去，就只能生活在过去的阴影下；不敢面对现实，就只能被现实所淘汰。

维家谈创富

一个人征服世界并不伟大，能征服自己，才是世界上最伟大的人。

胸怀决定人生境界和智慧

世界上最宽阔的是海洋，比海洋宽阔的是天空，比天空更宽阔的是人的胸怀。宽容是一种博大的情怀，能够包容世间的一切喜怒哀乐。同样，宽容也是一种境界，宽容是智者的境界。

面对遥不可及的成功，并非只是一种无奈，你完全可以由自身的主观努力去掌握和调控。在奋斗的道路上，你的成功与否由你的胸怀决定。不同的胸怀，必然导致不同的作为。很多时候，我们去做一件事，常常缺少的不是知识和能力，而是胸襟、视野和境界。

尤其是对于成功人士来说，宽广的胸怀是成功人士的境界，是成功者的必备品质之一。一般来说，越是成功的人，其胸怀越宽广，正所谓“宰

相肚里能撑船”！

从前，有个道士带着两个徒弟云游，一路上，大徒弟总是刁难小徒弟，两个人因此总是吵架。但是，师父从来都没说什么。一天他们来到一个小山村，师父让徒弟们到湖边去打水。结果两人又是吵吵嚷嚷地回来，原来大徒弟嫌小徒弟打的水比自己的多，因此不依不饶。这回师父没有旁观，而是让大徒弟从村民那里买了两包盐。

等大徒弟买回了盐，师父让他把其中一包放进自己的水袋里，大徒弟照做了。接着，师父又让他喝一口水。大徒弟不明白师父的用意，于是喝了一大口水。结果，水的味道不像他想象的那么咸，而是又苦又涩。大徒弟这辈子都忘不了这个味道。接着，师父领徒弟们来到湖边，他又让大徒弟把另一包盐倒进湖里，大徒弟照做了。这时，师父再次让大徒弟尝一口湖水。大徒弟表情痛苦地说：“我不喝，那味道太苦了！”师父只是笑笑，“你不试试怎么会知道？”在师父的坚持下，大徒弟勉强喝了一口湖水。结果让他十分惊讶，那水竟然是甜的！

大徒弟终于明白了一个深刻的道理：水袋那么小，所以能容纳的水量就少，一包盐就完全影响了水的味道；而湖泊那么大，即使投进去一包盐，也不会给它带来任何影响。这就是胸怀的作用。

心胸像针尖一样的人，事无巨细都要斤斤计较，对任何事情都患得患失，最终只能在苦涩中碌碌无为；而心胸如大海般广阔的人，从不会让鸡毛蒜皮的小事惊扰，再平凡也会勤勤恳恳、任劳任怨，在任何时候都能无私奉献，最终也会在平凡的岗位上成就一番非凡的业绩。

知识不够，可以通过不断学习去积累、去完善；能力不够，可以通过培训去锻炼、去提升。这些都不是难事，真正困难的是让自己拥有宽广的胸怀。要提升个人境界，不仅要开阔视野，更要时时自省。对于普通人来说，要做到这一点并不容易。但要让做人、做事都提高一个境界，成为仁者、智者，就要不断磨砺、修炼。

当我们的心胸变得能包容更多时，你就会发现自己的眼睛、耳朵和双手，都变得无比巨大。它们能帮你看到更远，听到更多，接触更多可能。心胸宽阔的人，深得用心的真谛：用心做事，即可洞察秋毫；用心做事，即可耳听八方；用心做事，即可胸有成竹。千事万事不难，只有懂得敞开胸怀，用心做事，事情才能越做越好、越做越大。

那么，要想成为一名成功者，你需要如何修炼自己呢？

1. 接受他人的缺点

世上没有完美的人，也没有完美的事。再优秀的人，也有他的短处；再平庸的人，也不是一无是处。在职场，会有形形色色的人出现在你身边，要学会接受和包容他们的缺点，毕竟大家都是团队的一员。有峰必有谷，有才能出众的人，也必然有平凡普通的人，况且每个人的价值观都不一样，对待同一事物也会有千万种看法。所以，不必太在意别人的缺点，学会发现他人的优点，你会学到更多东西。

2. 容许差异存在

人和人生来不同，在不同的背景、不同的学历、不同的阅历影响下，每个人都是独一无二的。正是这种差异性，才使得我们的世界如此精彩。职场也需要这种差异，只有不同的人相互协调、取长补短，才能更好地实现团队价值。因此，作为管理者，要允许员工之间存在差异；作为员工，也要容许他人和自己不同。

3. 不过分苛责过错

人非圣贤，孰能无过，即使是最有经验的舵手，也难免出错。允许别人犯错，并不因此过分苛责，是职场领导者应有的气度。凡是开拓进取，都是在摸着石头过河，谁也没有十足的把握不会踩空。过于求全责备，很容易弱化进取的锐气，工作就会因此失去动力。所以，无论是老板还是员工，只要不是原则性的错误，不要太过苛刻，毕竟改正错误要比出错本身更重要。

4. 听得进“谏言”

所谓“忠言逆耳”，那些肯告诉你缺点的人，才是真正想要帮助你的人。不管你是普通员工，还是公司老板，只要是合理的谏言，就要耐心听取，虚心接受。人如明镜，自己看不到的短处，有人提点，难道不是一件好事吗？成功者不但不会厌恶给自己谏言的人，他们反倒愿意听到这样的声音，因为这样才能让自己真正有所进步。

5. 懂得“见贤思齐”

尺有所短，寸有所长。任何人都有独特的闪光点，允许别人在某些方面比自己强，就是一个胸怀宽广的人最具体的表现。和优秀的人在一起，懂得学习的人，会取他人之长，补自己之短；没有包容心的人，才会嫉贤妒能，自己不但不会获得提升，反而会被别人远远地甩在后面。

6. 学会与他人分享

每个人都是社会的一员，没有人可以单独生存。尤其是在当下的社会环境中，任何一个人的发展，都离不开各种各样的资源，只有学会分享、善于分享的人，才能找到适合自己前行的手杖。无论是财富、荣誉、机遇还是权力，可以将这些拿出来分享的人，才会获得更多人追随。

7. 具有无私奉献的精神

胸怀的最高境界，无疑就是大公无私。著名剧作家布莱希特曾说："无私是最稀有的品德，因为从它身上无利可图。"无私的人不会因为一些蝇头小利而斤斤计较，他们有更远大的抱负、更崇高的理想，也必然会获得更辉煌的成就。

8. 时刻严于律己

自律，是一个成功者必备的优秀品质。做人做事，首先要对自己有足够的了解。了解自己的长处，也要承认自己的短处，敢于承担责任，勇于改正错误。如果是管理者，更要严格要求自己，尊重公司的规章和制度，规范自己的行为，下属才能以此为榜样，效仿学习。

维家谈创富

人之心胸，多欲则窄，寡欲则宽。

心中无敌，天下无敌

心中无敌，是一种境界。做到这一点，我们心中的太阳就不会被乌云遮住，就能始终照亮我们心灵的世界。在竞争的道路上，我们不必将对方当作死敌，完全可以将其看成一个一时得志的旧友，耐心等待时机笑到最

后。就像马云所说：“不求一统天下，愿能笑傲江湖。”

正所谓“物竞天择，适者生存”，竞争，是万事万物前进和发展的主动力。一个发展中的国家永远坚信，没有动力，国家就会失去危机；没有危机，人民就会安于享乐，发展就会停止。个人也一样，前进的动力万万不可失去。尤其是在竞争激烈的当今社会，如果一个人将竞争对手视为一种前进的动力，那么他就不会懈怠，就会永远处于努力前行的状态。

社会就像一个金字塔，为了到达顶端，很多人都不辞辛劳。但更多的人被沿途的美景吸引，为了获得比别人多，渐渐忘记了攀登的初衷，于是向竞争对手“大打出手”，认为只有把对方扼杀，自己才有机会登顶。这是对竞争多么严重的误解！换一个角度，宽容地对待对手，把他们的挑衅看作挑战，把精力用在超越他们上面，你会发现竞争也是如此快乐。

在埃塞俄比亚的崇山峻岭中，有两种相伴而生的花：简安花和印达花。在很多地方，都会看见它们生长在一起。简安花开始都不会开花，而且在它生长的过程中，叶子会很快变得枯黄，但还没有完全枯死；与之相反的是印达花，却长势迅猛，在简安花叶子枯黄之时，就会在它之上开出一朵绚丽的花，但是好景不长，花朵会很快凋谢、枯萎。而这时，简安花好像刚睡醒一样，慢慢恢复生机，最终开出更加美丽的花朵。为什么会这样呢？

其实，这两种花都需要充足的水分，才能生长。在花季，为了争取更多水分，印达花发展出密集的根系，迅速吸饱了水，于是开出美丽的花。这时的简安花，因为水分不足，只能任由叶子枯黄。但是等印达花的花期一过，这片区域的水分都是简安花的了，它便可以尽情地绽放。在生长前期，简安花没有因为被掠夺走水源而放弃生长，而是顽强地等待时机，最终笑到最后。

人类社会的竞争亦是如此。一时的利益之争并不能让自己获得永远的胜利，甚至可能害人害己。放弃自私狭隘的想法，用乐观豁达的心态面对竞争，你会发现人生总会峰回路转、柳暗花明。

人如花，利益如水。商人追求利益，这本无可厚非。可是，人生不是只有生存，因为利益的驱动，我们的竞争更像是在下一盘巨大的棋局，目标在全局的最终结果，不在一时的输赢。心胸狭隘的人，容不得半点损失，可正因如此，他们才会输掉整个棋局。竞争的本质在于自我审视，在于自我驱策，激励我们顽强拼搏，帮助我们成功登顶。

林丹在中国羽毛球竞技世界中是第一位“大满贯”得主。事实上，将林丹推向高峰的不是谢杏芳，不是李永波，甚至不是他自己，而是李宗伟、陶菲克和盖得等和他在赛场厮杀的对手。在赛场上林丹从未手软，但私下，林丹却将他们视作朋友。在《直到世界尽头》这本自传里，林丹称陶菲克是“一辈子的对手，一生的朋友”，陶菲克的打法是最让林丹头疼的，为了对付他变幻莫测的球路和打法，林丹没少在训练场苦练。而在奥运会上的老对手李宗伟，是林丹创造神话的最后一道坎。可是林丹在伦敦面对他时，却出奇的平静，好像这就是和老对手进行的一次切磋。此时的金牌已经没那么重要。林丹坦言，因为有这些对手的存在，他每一次的训练都会觉得无比踏实。

会把对手看成敌人的人，其实对竞争充满畏惧；只有把对手当作朋友的人，才真正做到心中无敌、成竹在胸。这份自信，让他可以充分发挥自己的真实水平，无往而不胜。不可否认，对手，是真正让林丹淬炼蜕变的涅槃之火。

其实，当你发现自己非常计较得失的时候，说明内心已经充满对竞争的畏惧。越是这样，你的缺点就越容易暴露于人前，输，在所难免。但当你眼中没有敌人，只有朋友时，竞争于你而言，不过是一次和朋友间的切磋而已。凡事心中无敌，必然天下无敌！

维家谈创富

心中有敌，天下皆为敌；心中无敌，无敌于天下。

比竞争更高的境界是合作

美国商界有句名言：“如果你不能战胜对手，就加入到他们中间去。”现代竞争，不再是“你死我活”，而是更高层次的竞争与合作，也就是竞合博弈；现代企业追求的不再是“单赢”，而是“双赢”“多赢”。

有这样一个小故事：

两个赶路的人经过一个小村庄，想要向当地人讨些吃的，可是村民们也很穷，没有多余的食物给他们。于是村长给了他们一个鱼竿和一个装着几条小鱼的竹篓，让他们自己钓鱼吃。两个人各选了一件，拿鱼竿的人想到海边钓大鱼，可是路程很远，他还没走到就饿死在半路了；而拿到竹篓的人，不久也吃完了所有小鱼，但他又不会捕鱼，于是最后也饿死了。

过了一段时间，村子里又来了两个赶路的人，村长同样给他们鱼竿和竹篓。但这两个人没有分开，他们一边吃着竹篓里的鱼，一边向海边走去，当他们吃完最后一条鱼，也走到了海边。接着，两个人就靠捕鱼为生，活了下来。

即使是这样一个小故事，也蕴含着深刻的哲理。很多时候，看似竞争的关系，也需要我们学会通过合作，来互惠互利，实现共赢。

在如今这个无处不竞争的世界里，一个人的成功，已经不能靠单打独斗就能实现了。在增强自身实力的同时，借势也是非常重要的技能。相信很多人都知道一根筷子和一把筷子的区别。尤其是在利益为主导的商业领域，“没有永远的敌人，也没有永远的朋友”这句话是绝对的真理。现代竞争，重在“竞”而非“争”，既要给自己留下生存空间，又要在有限的空间里寻求利益，要实现这一点，就需要“合作竞争”，在竞争中合作，大家都有赚头。

来看下面几个例子：

2015 年 2 月 14 日，国内第一个最大的叫车平台诞生，它由滴滴打车和快的打车组成。但两家合并以后，并没有统一运营，也没有合并名称，叫车业务还是平行进行，相对独立、互不干扰。此前，两家公司为了争夺市场，多次展开价格战，但双方都没有获得明显的优势。于是经过多轮沟通和协商，最终决定进行战略合并。

2015 年 3 月 15 日，阿里巴巴同时收购天天动听和虾米音乐，组成全新的阿里音乐。组合后的软件仍保持着各自的运营模式，虾米音乐负责为专业音乐人服务，而天天动听则把普通听众作为服务对象。由此，在线音乐行业正式形成“三足鼎立”之势。阿里、QQ 和海洋音乐，成为版图上最大的集团，而百度、网易、

A8 等其他小咖，只能在边缘占据局部市场。

2015 年 4 月 16 日，曾经竞争激烈的 58 同城和赶集网也传来“喜讯”：双方合二为一，成立 58 赶集有限公司。具体来说，58 同城总共购买赶集网包括现金在内的 43.2% 的股份，但双方达成协议，合并以后的公司仍然按照旧有的模式独立运营。这两家行业巨头的合作，占尽了国内分类信息市场的大半份额，这不仅宣告了两家公司握手言和，也让其他企业在短时间内，很难有力量与之抗衡。

原本是死对头、冤家，这下通过合作，一下子变成了“亲家”。这就是现代竞争的最高境界。你死我活的较量终究会导致两败俱伤，倒不如强强联合，保存实力，共同笑傲江湖。

一个人的成功并不是真正的成功，一个企业即便是暂时领先他人，但是在科技迅速发展的今天，一切的成果不过是昙花一现。若是能和竞争对手强强联合，不但避免了两败俱伤、第三者上位的可能，还能够相互扶持，在成功的道路上越走越远。

利益的存在，使得合作企业之间必然存在着难以避免的竞争，但利益冲突已经不再是竞争的主题，共赢才是合作带来的收获。这种关系并非针对某个行业对手，而是为了更好地适应复杂多变的市场环境。应时代要求，竞争与合作并存，已经成为各行业企业新的生存手段。运用这种方法，企业能够整合资源，提升自身的竞争力，获得更好的发展空间。而互联网技术的快速发展，也为这种生存模式提供了原动力。

早在国内企业频繁合作之前，国际大牌企业就展开了“强强联合”的商业套路：福特汽车和马自达、通用电器和西门子、IBM（国际商业机器公司）和东芝等。过去，它们在各自的领域是你死我活的劲敌，可是今天，它们却成了优势互补的合作伙伴。但是，合作并没有让它们丧失自主性，各个公司仍然拥有各自独立的决策权。

沃尔玛经过了40多年的发展，已经从一家小零售商，成为全球五百强的第一名，很大程度上就是受恰如其分的合作竞争战略影响。作为零售行业的巨头，沃尔玛知道通过合作可以有效地减少中间环节，从而降低成本，让资金周转更灵活。于是，它找来兰格勒公司结成联盟，把它们生产的牛仔裤放到沃尔玛的门店中销售。果然，兰格勒牛仔裤的销售量增加了3倍；沃尔玛也因此丰富了商品品种，吸引了更多消费者光顾。这么多年来，沃尔玛从未将竞争与合作分割开来，这使得沃尔玛赢得了更多合作伙伴，也赢得了更多消费者的心，最终实现沃尔玛、合作商和消费者的共赢。

合作，对我们来说并不陌生，竞争也是如此，而将合作与竞争两者合而为一则是一个崭新的课题。尤其是在竞争日趋激烈的今天，你死我活的竞争显然已经落伍，竞争不再是一味地消灭对手，而是逐渐走向合作，一同将蛋糕做大。

当今市场的竞争，已经不是过去“你死我活”的竞争，合作已经成为必不可少的竞争手段，但这并不意味着竞争就此消失。如今，整个市场已经成为一块大蛋糕，做成什么样子，就看商家们往里填什么料，每个人都得为此付出，因为每个人都要因此获利。所以，只有双赢、多赢，才能让市场良性发展，商家们才能获得更好的生存环境。

维家谈创富

商场上没有永远的朋友，也没有永远的敌人。

兵法五

人无信不立，业无信不兴

我们正置身于一个比诚信的节点

“人无信不立，业无信不兴”，诚信不仅是一种名誉、一种品质，更是一个人安身立命之本。在成功的道路上，诚信是打开成功之门的钥匙，更是走向成功的有力武器。只有拥有了诚信，才能创造出傲人的业绩和辉煌的人生！

诚信是为人处世的根本，没有信誉的人，换不来长久的合作。真诚待人的人，别人也会把他当作朋友相处，遇到困难挫折，别人也会伸出援手。但如果一个人失去诚信，就像一件“假冒伪劣”的商品，再精美的外包装也只能掩盖一时，当人们发现真相，那些凭不正当手段获得的金钱和地位也会随之烟消云散。

来看下面这个寓言故事：

“诚信”和“聪明”原本是一对好朋友，有一次它们一起出海，谁知船行了一段时间，“聪明”发现远处正在形成风暴。它们的船太小，两个人没法躲过去。于是“聪明”抛弃了“诚信”，独自划着小船逃离风暴。

被丢弃的“诚信”在大海中漂泊，它没有因此怨恨“聪明”。“诚信”发现附近有一个小岛，于是拼尽全力向小岛游去，它相信总会等到过路的朋友，它们一定会救他一命。

没过多久，一艘小船从小岛旁边经过，船上传来轻快的歌声，原来是“快乐”。“诚信”马上从礁石上站起来，向“快乐”挥手：“喂，‘快乐’！我是‘诚信’，可以让我和你一起走吗?”“快乐”停止了唱歌，它向“诚信”摆摆手：“对不起，我不能带你一起走。你没看到很多人就是因为说实话而失去快乐吗？有了你我就不再快乐了，抱歉。”“快乐”说完，继续唱着自己的歌走了。

“诚信”接着等，又过了一会儿，它看见“地位”的小船正朝着这个小岛驶来。“诚信”赶忙向“地位”喊道：“喂，‘地位’，你好吗？我是‘诚信’！你能不能载我一程?”“地位”看清在小岛上的是“诚信”，很快就调转了船头，边划边说：“绝对不行！我能有今天的地位，就是因为没有你，我要是带上你，恐怕就地位难保了!”

“诚信”眼睁睁看着“地位”远去，不知道还会不会有朋友来。这时，它看到不远处出现了“竞争”的小船。“诚信”急忙朝“竞争”喊道：“喂，‘竞争’！‘竞争’！我是‘诚信’，让我和你一起走吧!”“竞争”一看是“诚信”，于是冷冷地问：“你让我带你走，有什么好处?”“诚信”想了想，对“竞争”说：“我可以让你比别人更优秀，更受欢迎。”“竞争”却不为所动：“别开玩笑了，现在市场竞争这么激烈，我要靠‘不正当手段’才能吃饭，带上你不是自找麻烦吗?”“竞争”刚说完，就划着小船离开了小岛。

“诚信”非常沮丧，也非常困惑，为什么朋友们都不愿意带上自己？在它伤心难过的时候，一位老人划着小船来到它身边：

“孩子，我带你走!”“诚信”不敢相信自己的耳朵，他问老人：“您是谁？为什么愿意带我走?”“我是时间老人，只有我知道你的珍贵，跟我走吧。”于是“诚信”跟着时间老人，划着小船驶向远方。

自古以来，诚信就是做人之本、立业之要、立国之本。正如俗话所说：“人无信不立，业无信不兴，国无信不宁。”可以说，诚信在中国有着悠久的历史，诚信不仅是中华民族的传统瑰宝，也是衡量一个人的基本准则。

五千年下来，诚信并没因此而褪色。即便是今天，诚信依然是衡量一个人的重要标准。尤其是在当今职场中，要在众人中脱颖而出，除了个人能力和社交水平，更要有诚实守信的精神品质。实力要拿成绩说话，成绩要靠脚踏实地地做事获得，而要把工作做得漂亮，让人心服口服，就要靠一丝不苟的工作态度。

劳拉在一家知名广告公司做人力资源经理，有一天中午，她在公司楼下的餐厅吃过午饭，正准备回公司的时候，一个流浪汉主动上前和她打招呼：“你好，女士。我叫康纳利，今年 33 岁，去年我失业了，财产都赔给了公司，现在只好靠乞讨度日。我已经有两天没有吃东西了，能不能请您帮我个忙？我想借您些钱买点吃的。”

劳拉打量着这个看起来既苍老又憔悴的年轻人，动了恻隐之心，她从包里拿出一张信用卡，微笑着说：“我当然愿意帮助你。不过我没带现金，只有信用卡。”

如果有其他的办法，康纳利也不想为难这位陌生的女士。但他还是不得已地说：“您可以相信我，我只买一些食物和必需品，用完后马上还给您，好吗？”

劳拉同意了，把一张没有密码的信用卡给了康纳利。康纳利没有马上离开，他又试探地询问劳拉：“我可以再买一包烟吗？”“当然可以，你需要什么就买什么吧。”劳拉随口说着。

大概过了10分钟，劳拉越来越不踏实，那张信用卡可以透支10万美元，而且没有密码。那个流浪汉已经去了10分钟，会不会……劳拉终于忍不住了，她向流浪汉离开的方向找去。

可是，劳拉刚走到一家便利店门口，就看见流浪汉从那家店里出来。“抱歉，女士。我耽误了一些时间，我总共花了30美元，买了两个三明治、一瓶水和一包烟，这是小票，您可以核查一下。”

劳拉接过信用卡和小票，对自己刚才的猜疑感到愧疚，并对这位讲信用的流浪汉刮目相看。劳拉询问了流浪汉的姓名，给了他一张自己的名片，表示有需要可以联系她。“十分感谢您！”康纳利再次向劳拉表示感谢。

和康纳利告别以后，劳拉没有回公司，而是径直去了报社，把自己刚刚经历的事情告诉了记者。第二天，整个纽约市都知道了康纳利的故事，人们都为他的行为喝彩。与此同时，康纳利收到了来自社会各界的帮助。

有一个在加州做生意的商人，看到报道后立即给康纳利寄去1万美元，表示对他诚实的赞许。更让康纳利喜出望外的是，一家航空公司愿意聘用他，担任公司的空中服务员，而且已经拟好了工作协议，只等他本人签字。

是什么给这位流浪汉带来了好运，扭转了他的人生？没错，就是诚信。无论何时，诚信都是一个人立足的根本。拥有了诚信，你就拥有了成

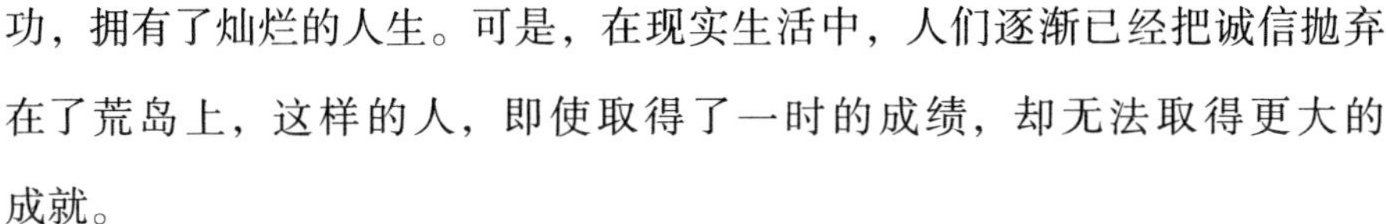

功，拥有了灿烂的人生。可是，在现实生活中，人们逐渐已经把诚信抛弃在了荒岛上，这样的人，即使取得了一时的成绩，却无法取得更大的成就。

维家谈创富

诚者，天之道也；思诚者，人之道也。

诚信是最好的人生财富

人要以诚为本，以信为天。诚信是世间最珍贵的财富，是人的一种无形的资本。没有诚信的人生活在世上，好似一颗飘浮在空中的尘埃。只有以诚来为人处世，才能在社会上立足，才能收获信任、友谊、地位和成功。

只有诚实可信的人才能立足于社会，别人才能信任你、追随你。无信则不立，不讲诚信的人，只能如草芥般一钱不值，如尘埃般飘忽不定。

诚信是人最宝贵的财富，它会为你带来信任、友谊、地位等。有诚信的人，为人处世都给人一种淡淡的，犹如初秋的水、暮春的风的感觉，它平和淡雅，给人一种安全感，使人信服。

很久以前，有一个国家的老国王膝下没有一儿半女，为了能够把自己的王位传下去，他派人找来全国最优秀的一批孩子。大臣把找来的孩子都带到皇宫，老国王看着一个个聪明伶俐的孩子，非常高兴。接着，老国王给他们每人发了一袋种子，并对他们说："你们谁能用这些种子种出最漂亮的花，我就让他继承我的王位。"

孩子们听到老国王的话都欢呼雀跃起来，纷纷赶回家去种花。其中有一个孩子，用家里最好看的花盆栽种，用最清澈的河水浇灌，买了最好的花肥养护。每天他都会到院子里看好几次，可是日子一天天过去了，种子还是没有发芽。他等啊等，看着别人家的花都发芽了，心里着急得不行。

转眼间，半年过去了，孩子们都捧着自己种的花，来到宫殿让老国王检查。老国王看着他们手中的花，却一点也不开心。就在他快要放弃的时候，忽然发现站在角落的一个小男孩，只有他端着一个只有泥土的花盆。

老国王问："你为什么没有种出花来?"小男孩沮丧地回答："是我没用，我用了最漂亮的花盆、最干净的水、最好的肥料，可是怎么也种不出花来。"老国王却放声大笑起来："哈哈，我终于找到满意的继承人了！孩子，从今天起，你就是下一任国王了。"

小男孩难以置信地看着老国王，其他孩子也都不明所以。老国王解释说："我当初给你们的那些花种，都是已经煮熟的，煮熟的花种是无法发芽的，当然也就开不出花。你们为了种出花，把原来的花种替换掉，我怎么能选不诚实的人做国王呢？所以，我决定把王位传给最诚实的孩子。"

看完这个故事，相信很多人都会喜欢上那个诚实的孩子，从他身上，我们似乎看到了一种宝贵的财富，那就是诚信。

诚信是一个人最宝贵的财富，无论从政还是经商，诚信不仅是立人之本，更是为官、为商之基。一个讲诚信的人，可以赢得他人的尊敬；一个讲诚信的团体，可以赢得受众的拥护；一个讲诚信的国家，可以赢得邻邦的友好协作；一个讲诚信的民族，可以创造悠久灿烂的文明。

一个人行走在人世间，要称得上顶天立地，就少不了诚信相伴。诚信是高尚的品德、珍贵的财富。一个人、一个企业想要获得成功，需要的支持因素太多太多，但是诚信永远都是我们不能抛弃的重要砝码。人无信会被淘汰，企业无信同样会被对手打败。没有信用，就谈不来合作，没有合作，怎么应付风云变幻的市场格局？因此，我们不仅要看到诚信给我们带来的好品行、好声誉，更应该承担起它带来的责任。

老郑开了一家酒馆，起初叫“实惠酒馆”。开张第一天，来喝酒的顾客都对他们家的酒赞不绝口。不仅如此，老郑的酒馆用的都是大碗，价钱也不贵。因此，“实惠酒馆”第一年的生意非常红火，每天不到天黑，所有的酒都被抢购一空。

第二年，老郑琢磨着怎么能再多赚点。于是，他先把大碗换成了小一点的碗，但价钱没有变。顾客不高兴的时候，他就解释说：“这酒是加了苗族秘方的药酒，能强身健体。”听老郑这么一说，客人们都争相买这种酒喝，老郑又多赚了一笔。后来，他又把碗改小了，还在酒里掺了水，价钱还是没有变。很多老顾客都开始发牢骚，渐渐地来老郑酒馆的人越来越少，生意也一落千丈。

老郑正为酒馆的事情发愁，一个白胡子老头走进他的酒馆，绕了一圈然后问老郑：“老板，你这店里怎么连个人都没有啊？我记得以前不是挺红火吗？”老郑叹了口气：“唉！别提了，不知怎么的，生意越来越差。”老郑把自己的苦水都倒给了老头，老头只是笑了笑，拿起柜台上的纸和笔，写下了两个字，转身就离开了。

老郑拿起那张纸，“诚信”两个字赫然映入眼帘。老郑回想自己经营酒馆的这两年，反复琢磨，终于想通了。他把店名改成“只赚一分利”，再也不偷工减料，酒馆的生意又有了起色，而且渐渐地比以前更好了。

在成功的道路上，诚信是一种无形的资本，因为讲诚信，个人的身价就会提升，个人在竞争中就会占据一种优势。诚信不仅能创造无限的财富，就连它本身也是一种无形的财富。诚信是一个人品德素质的体现，也是一个人生活于世的准则，更是走向成功的必备品质。

诚信，只有两个字，没有实际的触感、真实的质量，却可以让人变得有质感、有重量。拥有诚信的人，为人处世稳如泰山；没有诚信的人，走到哪里都会起伏不定，无法立足。美国总统华盛顿从小就被父亲教育，做人的第一准则就是诚实。

维家谈创富

诚实是人生的命脉，是一切价值的根基。

越是稀有，就越是珍贵

诚信一路颠簸，从几千年前来到了今天，但是人们竞相追逐利益，将其抛弃在荒岛。但是这并不意味诚信将永远缺失，反而是物以稀为贵，诚信越是缺失，它的身价就越高。

诚信虽然在我国拥有几千年的历史，但是如今讲究诚信的人越来越少。不信，我们就来看看生活中的案例。

案例一：

即使是不搞家装的人，都知道立邦和多乐士，它们几乎已经成为涂料的代名词。但一则质量问题报道，把这两家企业推到了风口浪尖。曾经，先是立邦被爆在专卖店出售假货，接着检查出多乐士油漆质量不合格，两家企业一起被卷入“质量门”事件。其实涂料行业产生质量问题，不是最近才发生的，但像立邦和多乐士这样的国家知名品牌都出现质量问题，确实让很多消费者心寒。

案例二：

2012 年，国家质检总局对酒鬼酒进行质检时，发现酒内的塑化剂含量超标，竟然高于国家标准 260%。事后，酒鬼酒公司就塑化剂超标问题向公众道歉，并对企业进行全面整改。因为媒体的曝光，很多个人和私人机构都开始关注我国酒类品牌质量问题。一时间，洋河、五粮液、茅台等国家知名白酒品牌的产品都被送检。结果发现，在送检的产品中塑化剂均出现超标，继而引发了全社会的关注，酒业上市公司的股票也骤然下跌。

案例三：

可口可乐公司设立在山西的公司，曾因操作不慎，将 7.6 万箱含有氯消毒液的饮料流入市场，经相关部门查证后，强制公司停产整顿。这件事情被媒体曝光之初，负责人宣称消息是媒体“误传”。接着，面对确凿的检验证据，公司承认过错并正式致歉。可是，没过多久，又说是公司之前的声明遭到媒体“误解”。

先后矛盾的言辞，充分表明了想要隐藏真相、瞒天过海的事实。

案例四：

马先生家住广州市，2010年一家做保健品的公司上门推销了一款保健品，据推销员说，他们的保健品可以降血压。血压有点偏高的马先生喜欢食疗，于是就花了10万元买了一些。可是吃了3个月后，马先生开始频繁出现头晕、心悸等症状，到医院一检查，结果真成了高血压。马先生在医生的建议下不再吃保健品。但是销售保健品的公司怎么也不承认是自己的产品，并拒绝给马先生赔付。最后，马先生只能找消协帮忙。

各行各业，这样的事件数不胜数。人们在竞相追逐利润的时候，早已把诚信抛之脑后。但是，抛弃了诚信，他们也会为之而付出代价。

暂时的缺失并不代表会永远的消失。如今，人们已经越来越重视诚信，无论是企业经营，还是企业招聘员工，总是将诚信作为第一项考核的目标，只有具备了诚信，你才有资格继续走下去。否则，抛弃了诚信，你连参赛的资格都没有。

越是稀有，就越是珍贵。在这个诚信缺失的年代，诚信已经成为无价之宝，不是任何金钱可以衡量的。

维家谈创富

物以稀为贵，诚信缺失的年代，你要好好把握这个无价之宝。

李嘉诚与合作者的分利原则

人生在世，不管你处于什么位置，做任何事情，都要懂得吃亏也是一种福气。所谓“塞翁失马，焉知非福”，有时候，表面上的吃亏，暗地里却藏着成功的机会。对于在奋斗路上的人来说，敢于吃亏、善于吃亏，是一种创业的智慧，更是成功的条件。

竞争如此激烈的今天，千万人走在致富的道路上，谁都难免深一脚浅一脚，吃亏更是家常便饭。吃点小亏没什么，真正吃大亏的，其实是那些不肯放弃一分一毫利益的人。以往那些自认为聪明的手段，已经不能再蒙蔽消费者的法眼；那些暗地里的一些小动作，也已经逃不过媒体敏锐的目光。为了追逐眼前的一点利益，不惜欺骗消费者、欺骗公检法，最终都会受到应有的惩罚。

著名企业家李嘉诚有着自己独特的一套成功法则，在做生意时，特别注意与人合作做生意，而人们也都特别喜欢选择和李嘉诚合作。究其原因，主要是李嘉诚的分利原则，明明讲好五五分成，实际分配时是四五与五五比例，李嘉诚要四五，给对方五五。“宁可让人一分利，也不占人半分便宜。”这是人们都希望跟他合作的原因。

表面上看，李嘉诚貌似吃亏了，但殊不知，吃亏是福。有句老话说得好：“吃一堑，长一智。”吃一时之亏，可保一世之福。就像我们在学习走路的时候，哪能不摔跟头？越是不怕摔跟头的人，学起走路来才越快。为人处世也是这个道理，今天你吃一次小亏，下次就不会因此犯下大错。因此，想收获，就要不怕先吃亏。敢于吃亏、善于吃亏的创业者，会练就过人的胆识，也会变得沉稳从容。吃亏能吃出风度，更能彰显智慧。

王海生经销欧兰特卫浴时，是业界出了名的“吃亏王”，可是他没有因此落魄，反而赢得了更多客户，也给自己带来了更多财富，成就了了不起的事业。

“顾客就是上帝”这句话，是王海生最喜欢挂在嘴边的座右铭。他也把这句话作为公司经营的理念，一直坚持到今天。王海生不只是说说而已，他把这句话渗透到公司运营的每个环节，并用这样的理念严格要求服务质量，让每个顾客都满意而归。如果有顾客提出有关产品质量的意见或建议，王海生会在第一时间反映给厂家，用最快的速度答复顾客。

不仅如此，王海生还特别关注顾客的个人需求，为他们量身定制产品，有任何质量上的问题，公司都会在一年内无条件更换；展厅里的样品全部供顾客自由挑选，如果想用橡木替换 PVC（聚氯乙烯）材质的浴室柜，王海生自己承担其中的差价。

这还不是最令人意想不到的，顾客购买了公司的产品，只要损害面积不大，即使是人为的，也会给顾客换一个新的。而其中的维修费等一系列费用，都由王海生一人承担。更绝的是，顾客想要换不同价位的产品都可以，而且不用补差价。王海生就是用这种谁都不敢吃的“大亏”，给自己赚下了100%的顾客满意度。

王海生喜欢钓鱼，他认为做生意就像钓鱼一样，放长线才能钓大鱼。生意有赚有赔，计较那一分两分的蝇头小利，不如给自己树立一座坚实的诚信基石。始终把顾客、厂家放在最前面，让自己永远在最后面，这就是王海生的经营之道。

在很多“聪明人”眼中，王海生无疑就是一个傻瓜，但其实大智若愚

才是真正的智慧。王海生就像愚公，其他人都不看好他的这种“笨办法”，甚至嫌弃、鄙夷，可是当他成功移动大山，迎来属于自己的辉煌时，那些不肯吃亏的人只能羡慕不已。

肯让自己吃亏的人，其实最明白先苦后甜的人生真谛。放到商业上来讲，就是高瞻远瞩的长远投资，收获的必然是巨大的回报。

维家谈创富

吃亏是一种智慧，成功总在吃亏后。

先赚人心后赚钱

人心如水，水能载舟亦能覆舟，得人心者得天下，大到国家，小到企业，概莫能外。古今中外的政治家、军事家，无不把得人心作为制胜之道。毛泽东 24 岁时在致恩师黎锦熙的信中说：“欲动天下者，先动天下之心。”大道相通，经营企业亦是经营人心，赚得了人心，才能赚到钱。

美国 IBM（国际商业机器公司）总裁小托马斯·沃森说：“几十年来，IBM 一直遵循它的那套简单的工作原则：一切为每个雇员着想，不惜花大量时间以迎合顾客的需要，只要使他们高兴。”

美国戴尔公司创始人、董事会主席兼 CEO 迈克·戴尔说：“我们现在是并将永远是一家与客户保持直接联系的个人计算机制造商，我们成功的关键在于维持这种联系，始终把倾听客户的声音并且做出反应作为公司的立足之本。”

……

这就是我们常说的“得人心者得天下”。

清代乾隆年间，南昌有一个叫李沙庚的人，在城中开了一家糕点铺子。开始时他卖货童叟无欺，每天都是顾客盈门；可是后来赚了钱，就开始缺斤少两、掺杂使假，生意也因此冷落起来。

有一天，郑板桥经过南昌，想在当地买些干粮，于是走进这家铺子。李沙庚热情地招待他，并请他给小店题字。郑板桥二话没说，就在纸上挥毫写下“李沙庚点心店”。伙计把形如流水、自在洒脱的题字挂在门口，吸引了不少人驻足观看，可是仍然没有人进店买点心。

李沙庚正纳闷着，忽然发现中间的“心”字少了中间的一点，于是请求郑板桥把那一点补上。但郑板桥却说：“我没写错啊！过去你心有这点，所以生意兴隆；现在你生意冷清，不就是因为心里没了这一点吗?”李沙庚一听，觉得自己确实做错了。

从那天开始，李沙庚痛改前非，重新做回了童叟无欺的生意，铺子又红火了起来。

企业经营，最难的就是经营人心，但这也是企业生存的根本保证。

孟子就曾教育我们“得道多助，失道寡助”，经过几千年的沧桑变迁和朝代更迭，这样的事情反复上演。在今天的经济环境下，创业经商也必然要遵循这样的规律。“商道即人道”，做人得道，追随者众多；从商得道，财富丰硕。

潘石屹曾对韩国电视剧《商道》评价颇高，他认为《商道》不仅是商人应该看的作品，而是每个人都应该看一看的。《商道》中的主角林尚沃的“商道”看似是在教人们怎么做生意，实际上，他通过商人的一个侧面，向我们传递了信誉的重要性。有信誉的人，可以积累人心；有信誉的商人，可以积累信任，有了信任就有了钱。一个商人，如果能积累下信誉，就已经是“得道”了，如此就能“多助”；而丧失了信誉，自然就会“寡助”。

1915 年圣诞节前一天，美国纽约市的一家私人小银行，被 3 个蒙面歹徒持枪洗劫了。虽然事后银行经理马上报了警，但警方经过多方调查，始终没有得到可靠情报。而另一方面，银行的老板佛兰普科斯·罗迪却背上了 1.8 万美元的债务。

储户们通过电视和报纸得知银行被抢，都蜂拥到罗迪这里，要求归还自己的存款。罗迪用自己所有的积蓄兑付存款，但仍然是杯水车薪，最终不得不宣告破产。虽然有同行朋友告诉罗迪，按照行业规定，银行遭劫后是可以免债的，而且既然罗迪已经对外宣布破产，那些存款也就用不着还了。但罗迪坚持要归还储户的存款，因为他既然开了这家银行，就要对储户的存款给予安全承诺，这笔信用债务，是必须要还的。

从那以后，罗迪为了还债，白天到屠宰场工作，晚上给公司老板开车，大儿子到街上卖报纸、送牛奶，大女儿和妻子一起做针线活。就这样，罗迪一家过着艰苦的生活，省下来的钱都给以前的储户寄去。后来，他们知道一些储户的生活也不好过，于是就根据他们的需求程度，给最需要钱的人先寄去。

因为时间距离银行被抢的时间越来越长，一些储户搬了家，罗迪就不断地在报纸上刊登广告，寻找当年的储户。有 3 个远在加州的储户，就是通过这样的方式被罗迪找到的。罗迪获得了他们的联系方式，立即给他们寄去了存款。可是深受感动的储户，把钱全部退了回来，请罗迪转赠给需要帮助的人。

1946 年，又到了圣诞节前夜，罗迪一家终于还清了所有债务，并在一些储户的支持下，重新开起了银行。开张前一个月，罗迪的儿子向所有老储户发出了一张贺卡。贺卡上这样写道："尊敬的先生/女士，感谢您对罗迪银行的支持。30年前，罗迪银行遭劫后被迫停业，但我的父亲没有忘记对您的承诺，竭尽全力还清了所有的存款和利息。现在，罗迪银行将于圣诞节重新开业，我们再次欢迎您的光临。祝您圣诞快乐！"

收到这张贺卡的老储户散落在美国的各个角落，但他们无论有多远，都在圣诞节这一天特意来到纽约，继续把自己的钱存进罗迪银行。不仅如此，他们还将亲戚和朋友介绍过来，成为罗迪银行的新储户。在后来的几年中，罗迪银行渐渐成熟，最后发展成为美国深受欢迎的私人银行。

没想到一家遭劫的银行，最终能东山再起，并在银行业创出了一片自己的天地。罗迪银行之所以能够东山再起，最大的原因就是老罗迪非常讲信用，获得了储户的心。

经商的目的是赚钱，但赚钱不是经商的唯一目的。只顾攫取眼前的利益，放弃长远的考虑，是很愚蠢的做法。真正会赚钱的人，都是先赚人心，人心即是"商道"。

维家谈创富

人心如水，水能载舟亦能覆舟，得人心者得天下。

兵法六

感恩是成功的基石

人生在世必须有所敬畏

对世间的万物，我们都应该充满敬畏，而不能无所畏惧。在时间面前放纵的人，必将一事无成；在权力面前放纵的人，一定会受到权力的惩罚；在财富面前放纵的人，也一定会受到财富的惩罚。

人，生而为人，要看得清自己，摆得正自己。人生在世，不可能掌控一切，于人、于物、于事，都应有所敬畏，这样才不会忘记自我地为所欲为。敬者，非卑微谄媚；畏者，亦非懦弱胆怯。自古圣贤多敬畏，不与天斗、不与地争，然无忧虞。心存敬畏者，内心才会充满良知，才懂得把握为人处世的分寸，坚守自己的做人底线，懂得尊重他人。

提起“敬畏”二字，就不得不提起一个人——曾国藩。身在官场，曾国藩要周旋在各种势力之间，其之所以可以游刃有余地应付一切，关键就在于一个“怕”字。当今社会，关系形势的复杂程度不亚于历史上任何时候，面对种种诱惑，我们该如何处之？曾国藩就是值得我们学习的榜样。

曾国藩不仅是赫赫有名的军事家，还是著名的政治家和理学家。曾国藩一生都谨从敬畏的为官之道，在他年轻的时候，就把“敬”放在修身养性的第一条。很多人说，曾国藩之所以能取得那么大的成就，离不开坚韧不拔的精神，和高人一等的胆识和谋略。此话不假，但同他一样的人有很多，而如他一般既能功成名就，又能全身而退的人，可是少之又少。这就要得益于他的“敬畏”之心。

《菜根谭》里写着这样一段话：“自天子以至于庶人，未有无所畏惧而不亡者也。上畏天，下畏民，畏言官于一时，畏史官于后世。”畏，不是让人害怕，而是要心存敬畏。要求我们心无邪念，保持端庄、严肃的仪态，时刻以敬畏之心对人，用敬畏之心做事。

曾国藩不仅以敬畏修身，还以此来教导后辈。在给次子曾纪泽的家书中，他曾这样写道：“敬则无骄气，无怠惰之气。”有敬意，做事才会谨慎；有敬意，做人才不会骄傲；有敬意，为官才不会怠惰。这就是曾国藩的处世哲学。在纷繁复杂的社会里，在尔虞我诈的官场中，曾国藩就是凭借着一颗敬畏之心，摒除一切私心杂念，抛却一切累人名利，保持着安稳、平和的心态，从容淡定地度过了一生。

敬畏，说大是人生智慧，说小就是人生态度，再小也是指导我们做事的行为准则，因此敬畏无处不在。明代著名思想家吕坤说：“畏则不敢肆而德以成，无畏则从其所欲而及于祸。”一个没有敬畏之心的人，为人放浪形骸，做事肆无忌惮，只凭自己喜好行事，长此以往甚至会变得无法无天，给自己带来无法挽回的后果。

王某曾经是省财政厅的要员，全省的经济部门都在他的掌握之中。王某用了很长时间才坐上今天的位子，因此在和其他人相处的时候，总会彰显自己的优越。他经常在嘴边提起一句话：“有事尽管说话，没有我办不到的事！”

当初王某春风得意、顺风顺水的时候，根本不把各地的经济部门放在眼里。而且他总喜欢搞突击检查，但凡查出点和账面不符的东西，全部“充公”，一时间各地的财政部门都唯王某马首是瞻。可是没过多久，一起惊动省委的经济大案被曝光，王某也是涉案人之一，随着警方的深入调查，他和那些成天溜须拍马的幕僚，全部锒铛入狱。

王某本来可以有很好的仕途前景，但他忘乎所以、以权谋私，对人民、对社会、对司法没有丝毫的敬畏之心，最终毁了自己的一生。

在这个社会里，没有人可以一手遮天，没有人能摆平所有事。法律是最严厉的约束，是面对暴力的最后一道防线，也是警醒我们的最后一记重锤。在此之前，我们要以敬畏之心约束自己，不要等到最后一刻才醒悟，到那时已经晚了。因此，当手握权力、拥有巨额财富的时候，一定不能丧失理智。如果自以为是、无所顾忌，很可能会让自己陷入万劫不复的境地。

如今，我们的物质生活逐渐变好，可是很多人失去了对财富的敬畏之心：到国外旅游不如说是去消费，买起奢侈品来毫不手软；公司刚刚获得了好收益，不再想下一步怎么发展，先大肆购置豪宅、名车……

敬畏之心，是为自己撑起的一把保护伞。对权力不再敬畏，终将受到权力的制裁；对财富不再敬畏，终会受到财富的惩罚。心怀敬畏，才能真正做到无畏。一个拥有大无畏精神的人，待人才会恭谨谦逊，做事才能游刃有余，人生才会顺风顺水。

维家谈创富

人生应当有所敬畏，才不会为所欲为。

我们的一切都离不开他人

金庸追求独孤求败，古龙却说人一定要有一个可以与你背靠背的朋友。因此，金庸笔下的人物总是为了一本秘籍、一件宝物折腾几辈子还没完没了；而古龙的主人公总是和一群朋友一起壮游天下，一辈子做了几辈子的事。

如何才能让一滴水不干涸？这个充满哲学思考的问题，曾经困扰了很多人，但佛祖释迦牟尼的一句话，让所有人茅塞顿开："把它放进大海里。"其实，我们不妨反过来看，为什么我们不能把大海看成千万亿滴水的集合呢？和大海一样，我们的社会不也是由一个一个的人组成的吗？没有这一个一个的人，就没有我们生存的这个社会，没有社会，我们要如何实现自我？

红杉，是美国加州的一种珍稀植物种类，一般的红杉树高达90米，相当于30多层楼高。通常情况下，越是高大的树木，其根系就会越发达，为了获取更多养料，站得更稳，这是很常见的事。但红杉是个例外。

植物学家发现，红杉的根只是在土壤下面很浅的地方分布，照常理说来，90米高的树必然会很容易连根拔起，可是红杉却长得非常稳定。这是为什么呢？原来，红杉从来不会单独生长，只要有红杉的地方，必定会连成一个红杉林。成千上万株红杉，盘根错节，在土壤下形成了密实的根系网络，任何风吹雨打都不会影响它们的根基。

企业就好比是红杉林，没有下面相互扶持、共同努力的员工，怎么会把企业的根基打牢？个人事业的成功离不开企业的发展，而企业同样离不开每个员工的协作和支持。只有紧密合作，才能创造丰功伟业。

在我们身边，总会有形形色色的人，有些比自己强，有些没有自己强。人们总是习惯于羡慕那些比自己强的人，他们穿比自己好的衣服，住比自己好的房子，开比自己好的车……也许我们以个人的能力，很难企及他们的高度，但别忘了，现在是讲求团队能力的社会。过去我们说，每一个成功的人身后，都有一个坚实的后盾。可是现在，站在成功者身后的，则是一个强大的团队。

波特曼公司的应聘难度是行业里出了名的，面试官们非常重视面试成绩。其实公司的面试考题一点也不难，但就是没有几个人能顺利通过。

有一次，公司在第三轮面试时，给应聘者们出了一个非常简单的题。面试官给每个人发了一沓打印纸，然后给了他们一人一个燕尾夹。面试官要求应聘者在5分钟之内把打印纸夹好。

所有人都觉得这太简单了。可是当面试官让大家开始动手后，每个人都发现自己错了。他们手里的打印纸都太厚了，可是夹子又太紧，如果只用一只手，是没法打开的。大家尝试了各种办法，都没法完成任务，眼看着时间一分一秒地过去，还是一筹莫展。

时间已经进入倒数，有一些人已经放弃。当全部时间结束后，面试官只留下了两个人，因为他们完成了这项看似不可能的任务。原来，这两个人发现自己无论如何都完成不了任务，于是两个人互相帮助，一个人码齐打印纸，另一个人用两只手打开夹子，就这样，他们用了不到一分钟，就成功完成了任务。

从这个例子中我们可以清楚地看到，面试官考验的就是应聘者的团结合作能力。现代企业中，不缺少能力出众的高素质人才，最缺少的是能够以大局为重，和同事协调配合的员工。

生活，需要相互关爱、相互扶持，才会一起渡过艰难困苦；工作，需要彼此理解、彼此协作，才能共同成就伟大事业。人生既有喜悦，又有痛苦，只有同舟共济，我们才能一起到达幸福的彼岸。生命总有应该坚持的，因此要保持一颗独立的心；但生存也是不可逃避的，所以也要学会宽融通达、顺应法则。学会相互扶持，人生就会少些挫折，多些喜悦。

维家谈创富

有人能无师自通，无人能独自成功。

知恩图报，善莫大焉

感恩是一种美丽、崇高的精神，它促使人们扩充心灵空间的“内存”，让人们变得仁爱、宽容，缩短人与人之间的距离，减少人与人之间的摩擦，增强人与人之间的合作。

“感恩”一词来自西方宗教，它的寓意就是要提醒人们，感谢上帝的恩赐。延伸到世俗社会，则是要人感谢自己的亲人，感谢帮助过自己的人，感谢美好的生活。中国虽然没有“感恩节”，但我们的文化中，自古

就渗透着感恩情结。感恩，是慈母手中细密的针脚；感恩，是涌泉相报的拳拳之心；感恩，是吃水不忘挖井人的铭记。“羔羊跪乳”和“乌鸦反哺”的故事就体现了中国传统文化中的感恩情结。

传说很久以前，小羊看到母亲辛勤地哺育着自己，为自己遮风挡雨，就问母亲：“妈妈，我该如何报答您的养育之恩呢?”羊妈妈却说：“妈妈只要你健康成长，不求你回报什么。”小羊听后感动得流下热泪，它对母亲的爱无以为报，只能在每次吃奶的时候，都跪下来，直到自己长大。为了报答母亲，一直跪着吃奶的小羊，留下了“羔羊跪乳”的故事。

小乌鸦在成长的时候总要吃大量的食物，乌鸦妈妈不得不忙碌地出去觅食，找到食物后再一口口地喂给小乌鸦吃，每天如此从不间断。后来小乌鸦长大了，而乌鸦妈妈因为上了年纪，越来越飞不动了。于是小乌鸦没有离开母亲，而是像妈妈从前做的那样，每天出去觅食，再回来喂母亲吃。小乌鸦一直坚持着，直到老乌鸦去世。这就是“乌鸦反哺”的故事。

“羔羊跪乳”“乌鸦反哺”，这是自然界最美的画面。人类社会亦是如此，身怀一颗感恩的心，不仅可以让你和他人和睦相处，跟自然和谐相融，更能使你感受到生活的快乐，体味到人生的幸福。懂得感恩，成功才会降临。

谁的人生之路都不可能畅通无阻，总会有沟沟坎坎。学会感恩，我们才能在逆境中找到光明，向着美好未来前行；学会感恩，我们就会乐于分享，让更多的人获得成长；学会感恩，我们的心胸会更加宽广，人生格局会因此变得更加开阔。

感恩不只是一种心态，它还是一种智慧，一种至高的人生境界。在工作中懂得感恩的人，会充满热情，同时又严谨自律，总会有无限的动力投入到工作中去。

史蒂文斯曾在一家软件公司做编程工作，可是在他刚升任部门经理的第二个月，公司就破产了。即使再难以置信，史蒂文斯也不得不面对失业的事实，于是他很快就把精力都放在了找工作上。恰好此时，微软公司正要招聘编程人员，史蒂文斯觉得自己的能力完全可以胜任，于是就去参加面试，第一轮的笔试顺利通过。

当史蒂文斯以为面试也会轻松通过的时候，却因为对软件行业未来的发展动向给不出自己的见解而遭到淘汰。但是史蒂文斯没有因此产生任何抱怨，他写了一封信给微软公司，表明自己在面试中学到了很多，并由衷地表示感谢。后来，比尔·盖茨看到了这封信，并在公司出现职位空缺的时候，给史蒂文斯发去聘用通知书。之后，斯蒂文斯在微软工作了十几年，最终凭借出色的个人业绩，成功坐上微软公司副总裁的位子。

职场遭遇淘汰并不可怕，可怕的是从此一蹶不振，甚至埋怨外在因素。史蒂文斯没有在逆境中裹足不前，反而感谢每一次学习的机会，还为此专门写了感谢信，这正是现代人应该学习的精神。无论是人生还是职场，挫折、困难都在所难免，唯有心怀感恩，才能化解苦难，成为滋养人性的珍贵肥料。拥有感恩的心，事业就会更辉煌，人生就会更美好。

感恩是一种做人的处世哲学。常怀感恩之心，常行感恩之举，常履感恩之责，更能懂得为他人着想，才更容易得到成功之神的青睐。感恩是一种为人的基本准则。心怀感恩，知恩报恩，才是真正的智者，才能更好地实现你的人生价值。

感恩是一种高尚的思想情操。知恩报恩是生命质量的一种体现，是一切生命美好的基础。

维家谈创富

用感恩的桥梁，走向光明的未来。

忘恩负义乃最大的恶

求人时信誓旦旦，得逞后胡作非为。这种忘恩负义之人最让人厌恶。“忘恩负义”是最大的恶，是急功近利的表现。“忘恩负义”只能得逞于一时，却会永远失信于人。过河拆桥，只会断了自己的后路。

小时候，父母就经常告诉我们：“滴水之恩当涌泉相报。”“做人要讲良心，不能忘恩负义。”父母的话我一直牢记在心。虽然我们做不到精忠报国，虽然我们不能成为一代伟人，成就一方霸业，但是我们仍要有一颗伟大的、懂得感恩的心。

可是，在现实生活中，多少人为了今日的蝇头小利忘记了初衷；多少人为了今日的一己之利过河拆桥，殊不知，那座桥也许正是你落难后的唯一退路。忘恩负义之人最可恨，忘恩负义之人也最可悲，这样的人，只会失信于人，遭人唾弃，只会在绝路中慢慢等待死亡之神的召唤。

有一天，樵夫到山上砍柴，不知不觉天阴了下来，樵夫怕赶上大雨，急忙把砍好的木柴绑好，向山下直奔而去。

可是，雨来得很快，樵夫边跑边躲雨，结果发现自己迷路了。樵夫万分焦急地乱跑，终于在一个隐蔽的地方发现了洞穴，不管三七二十一，径直向山洞跑去。可是走进山洞一看，吓得瘫坐在地上。原来，这是一头黑熊的洞穴。这时，天已经暗下来，雨也越下越大，樵夫无路可走，只好僵坐在那里。

过了好一会儿，黑熊才发现樵夫的存在，但它似乎并不介意樵夫的到访，反而很友善，没有做出任何危险的举动。樵夫渐渐安下心来，靠着洞穴睡起觉来。第二天，雨还是没有停，樵夫饥寒交迫，可是自己根本没办法离开洞穴。令人意想不到的是，那头黑熊不仅给樵夫找来果子吃，还把自己的地方腾出来一块，给樵夫取暖。

大雨下了七天七夜，等到终于放晴了的那一天，樵夫要回家了。黑熊把樵夫送到路口，竟然一再向他磕头，樵夫很快就明白了它的意思：放心吧，你救了我，我不会把你的住处告诉猎人的。黑熊温顺地舔了舔樵夫的手掌，表示感谢。

可谁知道，偏偏樵夫在回去的路上就遇见了一个猎手。猎手见樵夫从山上下来，就问他：“樵夫，山上有没有野兽？你知道它们在什么地方吗？”樵夫脱口而出：“有一只黑熊。”“真的吗？在哪里？”樵夫忽然想起自己和黑熊的约定，于是又闭口不言，匆忙往山下赶。

猎手不想放过这么好的机会，于是缠着樵夫，并对他说：“不管你和那只黑熊有多好，它终究是畜类，你我都是人类，怎么能因为一只畜生而产生嫌隙呢？你看这样好不好，你只要告诉我它在哪儿，我去捕杀，然后我们一人一半，怎么样？”樵夫开始有些犹豫，但他经不住猎手再三说服，还是告诉了他黑熊的住处。

猎手知道黑熊的住处以后，马上到山上猎杀，樵夫忐忑不安地等在原地。他左思右想，还是觉得应该回去看看，于是樵夫回到了黑熊的住处。猎手正在剖开黑熊的肚子，接着他把一大块肉切下来，递给樵夫，樵夫正要用手去接，忽然双臂像没了骨头，瘫软下来。猎手万分惊恐，急忙问樵夫："你触犯了哪路神灵，受到这样的惩罚？"

樵夫顿时号啕大哭："这一定是那只黑熊在报复我！它待我如朋友，我却忘恩负义给它带来杀身之祸，这是我罪有应得！"猎手听樵夫这么一说，心里也万分恐惧，不敢再剥皮取肉。后来猎手找村民帮忙，把黑熊带到山上的寺庙里，希望可以超度这只黑熊。

寺庙的住持看着黑熊说："它原本是佛祖座旁的菩萨，到人间修行，来世便会成佛，你们万不可取食它的肉！"听闻此言，猎手和村民们在山上建起了一座小庙，把黑熊的尸体供奉起来。

其实，寺庙住持的意思是劝人向善，不要杀生，当然也有劝诫世人不可忘恩之意。事实上，每一个人从一出生就被各种恩情团团包围，如父母的养育之恩、老师的教育之恩、领导的知遇之恩等，如果我们不懂得施恩回报，就不是一个完整的人。我们宁愿像英雄一样死去，也不要像个卑鄙小人长命百岁。面对如此大的恩情，我们别无选择，只能用一颗感恩的心来面对每一天、每一个人。

有人曾做过一个非常形象的比喻：我们每个人如果是一个圆心，那么它会被许多同心圆所环绕。从这个圆心出发，第一个圆就是家庭与亲人，第二个圆就是你的领导、同事和朋友，第三个圆就是社会中与你接触的其他人，然后还有同胞、民族、国家之圆，整个人类、生存环境之圆等。每一个圆都需要靠爱和责任来维系和延伸。

很久以前，在水晶小镇里有一个木匠叫华特，他家世代就是木匠，他从祖父那里学来了一身的好手艺，成为小镇有名的木匠。

华特年轻的时候在一家家具店工作，但他不只为老板做家具生意，还经常帮老板修补房屋。华特勤勤恳恳地给老板工作了30年，他做的每一件家具都是精致的艺术品，老板因此很欣赏他。随着年纪越来越大，华特觉得应该是自己退休的时候了，他向老板提出辞职，并推荐自己的徒弟继续为老板工作。

老板非常舍不得让华特走，但没有办法，老板只好请华特做最后一件事——帮他修建一座新房子。华特虽然已经不能像从前那样有干劲，但他为了感谢老板多年来的赏识和照顾，于是接下了这个活。

华特选了最好的木材，买了最好的漆料，用跟随自己多年的工具，一点一点地建房子。他把全部的心血放在建造房子和家具上，因为他要感谢老板给自己工作机会，让那么多人都喜欢自己做的家具。华特把这个房子，当作对老板的报答。

很快，华特就建出了小镇最漂亮的房子，他找到老板，表达了自己的感激之情，并请老板来验收他的最后一件成品。谁知老板却说："不，我相信你为这所房子倾注了自己的心血，所以我要把它送给你，这是你应得的。"说着，老板就把房子的钥匙交到华特手上。

老木匠因为心存感激而格外用心地建了最后一所房子，而他为房子所付出的汗水却都成了他最后的收获，真的应了那句话——付出总有回报。试想，如果老木匠是一个忘恩负义的小人，因为是最后一所房子，草草完工，那么最后他的收获又会是什么呢？

所以，无论何时何地，都应该对生活、工作心存感激，因为只有懂得感恩，生活才会善待我们。

维家谈创富

卑鄙小人总是忘恩负义的：忘恩负义原本就是卑鄙的一部分。

越是有大智慧者越谦卑

越是优秀的人越努力，越是富有的人越勤奋，越是智慧的人越谦卑地学习。优秀的人总能看到比自己更好的，而平庸的人总是看到比自己更差的。越是狂妄，越是失败。唯有时刻保持一种谦卑的心态，才能不断超越自己。

成功说起来容易做起来难，很多人都在羡慕登上财富排行榜的人，可是有多少人会注意到他们在人后付出的十几年艰辛。成功不是想一想、说一说，振臂一呼就能实现的，只有谦卑的人，做起事来才会脚踏实地，把理想投影到现实中来。

牛顿在晚年时曾说过这样一句话：“我不过就像一个在海边玩耍的孩子，面对展现在我面前的真理之海，却全然没有发现。”这无疑是对谦卑最好的比喻，说明一个人的知识越渊博，就越会发现自己知道得太少。谦卑是智慧，自大才是愚蠢。在做人谦卑方面，李嘉诚可以说是个榜样。

著名的香港女作家林燕妮曾经在广告行业工作，因为业务关系，经常和李嘉诚打交道。在当时的行业氛围中，房地产公司不愁没有可以合作的广告公司，往往是广告公司要到处拉业务，所以整个地产行业都习惯对广告业务员颐指气使。但唯独长江实业与其他公司不同。林燕妮还记得她第一次到公司联系业务，因为李嘉诚之前知道她预约的事，专门在当天派西装革履的男接待员迎接他们，并一路把他们带到李嘉诚的办公室。还没进办公室，就看见李嘉诚从里面走出来，热情地欢迎他们，还亲切地和他们握手。当天正好下起了雨，林燕妮一进办公室就把打湿了的外套脱下，李嘉诚二话不说，亲自接过她的外套，挂在衣帽钩上。林燕妮后来回忆起来，就好像李嘉诚不是一个腰缠万贯的富豪，而是一个再普通不过的服务员。

还有一次，从内地来了一位普通企业家，想要向李嘉诚取一取“生意经”。在交谈的过程中，李嘉诚的儿子非常热情地跟对方谈论自己的见解，说得起劲就时不时夹杂几句粤语。每到这个时候，李嘉诚就要委婉地打断儿子，请他用普通话再说一遍。那次会谈结束后，李嘉诚亲自送客人上电梯，并直到电梯门关闭以后才离开。

李嘉诚曾作为华人首富，拥有令人羡慕的亿万身家，经营着全国最大的地产企业，一个小小的广告合作商和长江实业根本不是一个级别。但是，李嘉诚从来没有把自己看成“老大”，他可以亲自迎接广告商，可以为对方挂衣服，能做到这一点的企业家没有多少。作为商界名人，李嘉诚对于普通同行的取经行为，完全可以不予理会，但他没有丝毫架子，甚至还要顾及对方的语言习惯，改正自己。更令人钦佩的是，一个商业巨子会亲自恭送名不见经传的小公司老板，这份气度不是一般人可以做到的。这一迎一送的细节，在别人看来十分微不足道，但在李嘉诚身上却充分体现了他谦逊的态度。任外界如何想象一个成功富豪的奢华生活，李嘉诚却依

然保持着一颗恭谨谦卑的心。正是这样一种心态，给他带来的不仅是事业的成功、财富的积累，更是一个令人敬仰的伟大人格。

交际需要谦卑，修炼也需要谦卑。道家讲“上善若水”，懂得让自己向下流淌，才能形成浩瀚大海，才能笑傲群雄。成功的荣耀是高高在上的阳光，只有谦卑的心海，才不会被烈日烤干。越是谦卑的人，把自己看得越渺小，越是能够获得大成就。

没有谦卑的心态，即使获得一时的成功，也会让自己变成不断膨胀的气球，你的美梦总有一天会破灭。商人图利无可厚非，但唯利是图就会一败涂地。财富聚集在谦卑的人身上就是宝藏，聚集在高傲的人身上就会成为毒药。对于没有原则的商人，任何财富、地位都只是一层浅薄的外衣，随时都可能烟消云散。

孔子和徒弟们在周游列国的时候，途经一个小村庄，村子里有个孩子叫项橐，据说很聪明，孔子不信，于是找到项橐，没想到是一个7岁大的小娃娃。孔子正想着用什么问题考他，项橐却先问起问题：“你说为什么鹅的叫声很大？”孔子回答说；“因为它脖子长。”孩子又问：“可是青蛙的脖子没有鹅的长，为什么它的叫声也那么大呢？”听到这个问题，孔子竟然哑口无言。事后孔子对弟子说：“我确实不如他，他可以做我的老师了。”

孔子是我国伟大的思想家、教育家，但他却肯把一个7岁的孩子当作老师，这需要多么宽广的胸怀、多么谦虚的心态！越有修养的人，越懂得谦逊待人、小心做事；越是粗鲁的人，越目中无人。肯低下头的人，脚才站得稳；不肯低头的人，总有一天会栽大跟头。

满招损，谦受益！任何强壮的外表，都不能为你阻挡所有冲击，只有坚强、健全的心灵，才会使你屹立不倒。犯错不可怕，可怕的是你不知道自己犯错，更不会改正错误。如果有人指出你的错误和缺点，你要感谢那个人，因为是他发现让你进步的机会，只有在不断的学习和修正中成长，才能更清晰地看见成功的曙光。

欲戴王冠，必承其重！高大只会使你空洞，低矮才能让你更加坚实，无论你身居高位，还是奋斗拼搏，一定要记住，把自己放低，用谦卑的心态对待世界，它会回报给你丰硕的财富。

维家谈创富

花若盛开，蝴蝶自来，您若精彩，天自安排。

地低成海，人低成王

水很谦卑，它总是向下，向下却流成了江河；山很谦卑，它总是沉默，沉默却耸立成了风景；秋很谦卑，它总是沉静，沉静却带来了收获。所以，无论什么时候，我们都要学会谦卑，戒骄戒躁，唯有这样，才能赢得人心，收获成功。

当我们渐渐长大，接触的人越来越多，就会发现身边总有一些值得我们学习的人。他们的言谈举止、行为方式，从来不咄咄逼人。他们像一股清泉，流淌在人际间，永远低调、谦逊地对待人、看待事，每次与他们亲近，就会变得舒服和安心。因为他们身上都有一种品质：谦卑。

地低成海，人低成王！谦卑不只是心态，它是为人处世的智慧，是一种值得修炼的人生境界。没有正确理解它的人，要么变得卑微顺从，要么变得高傲自负。

牛顿在那个时代被人们认为是科学界的泰斗，可是晚年的他仍说自己在科学面前，就是一个在海边拣石子的小孩子。很多人都不理解其中的真意，只是单纯地认为牛顿很谦虚，却不知道，牛顿正是穷尽一生找到了宇宙的奥秘，才发现自己原来是如此的渺小。他看到了无垠的知识海洋，才发现自己的学识不过是沧海一粟。

知识如此，财富更是如此。纵览人类历史，凡是沽名钓誉之辈，哪一个不是趾高气扬、飞扬跋扈？那些真正能在历史上流芳百世的人物，只是做了自己该做的事，所有的名誉、光荣全部是后人给加上去的。

“圣者无名，大者无形”，懂得谦卑的人通常都是不愿显山露水的人，在众人面前他们总是一副高深莫测的样子，不会张扬自己的一点小成就。即使获得了巨大成功，也从不标榜自己的丰功伟绩，继续探索、突破才是他们唯一关注的焦点。低调做人并不难，难的是要保持一颗宁静平和的心，做事谨小慎微不张扬。

三国时期，群雄逐鹿，刘备看似是其中最为弱小的一支，他没有诸葛亮聪明，没有关羽强悍，没有张飞勇猛。但刘备没有汉朝宗室的架子，勇于放低自己和兄弟们肝胆相照，因为这样才能汇聚天下英杰，为他匡扶汉室鞠躬尽瘁。

支持刘备的人，不是看中他的身份，也没有想通过他获得荣华富贵，他们只为报知遇之恩。刘备是三国群雄中最低调的人，蜀国却是三国中最有实力的军政集团。

在群雄逐鹿的战乱年代，那些成就一番事业的核心领导，成功的一大重要因素就是懂得知人善任。他们不会和别人争夺个人的名声地位，所谓的“第一智囊”“第一武将”，都是别人给他们贴上的标签。面对个人名利，优秀的领导者都会沉默不语，甚至谦恭礼让。刘备的隐忍和低调，为日后三国鼎立的局面创造了条件，否则以曹操当时的实力，刘备很难全身而退。

山不言高，自有攀登者；水不言深，自有潜寻者。山水自然天成，从不向世人标榜自己，反而因其层峦叠嶂、曲折迂回让人不知其妙。人亦如此，芸芸众生，各有所长、各有所短，真正聪明的人不会回避自己的缺点，而会不动声色地用学习来弥补。行事谦逊的人，即使自己有一肚子的知识谋略，也会反复咀嚼消化，直到有所领悟。

那些高傲自负的人，会把所学看成向别人炫耀的资本，每当获得了一点新知，就迫不及待地向他人诉说，即使一知半解也要装作非常精通的样子，只为拔高自己的形象，结果弄巧成拙，反而遭人耻笑。这种心态不仅不能让自己的长处赢过别人，反而会让自己的弱点暴露无遗。张扬不是聪明，低调也不是愚笨，懂得以退为守的人，才能更好地规避风险，安全前行。

有一个刚从学校毕业的博士，被安排在当地的研究所工作。主任交给他一个比较重要的任务，于是派两个研究所的前辈给他，博士接到任务后觉得非常简单，于是拒绝了前辈的协助。其实他心里觉得两个前辈都是本科毕业，自己是博士，根本就不用比自己学历低的人来教。为了慎重起见，另两位前辈也对这项研究进行了自己的讨论，但博士完全不听他们的意见，坚持自己完成项目。于是他开始独自研究项目，并按照自己在学校学的思路安排计划。

可是过了一个月，主任检查研究进度，博士却犯了难，他低估了项目难度，越来越不知道该从哪里入手。本来想一展才华，谁料到最后毫无头绪。两个前辈见博士提不出更好的方案，于是便把他们共同研究的计划交给主任，同时请求让博士一起和他们进行计划。

面对这样的结果，博士终于发现自己的不足，决定好好向两位前辈学习。

纵然自己拥有高人一等的学历，但由于缺乏工作经验，在实践工作中依然显得青涩，需要“前辈”的帮助。可是这位博士却狂妄自大，不懂得低调行事，认为没有自己办不成的事，甚至都懒得和比自己学历低的人说话，更不用说什么合作了。

在职场中，没有一个领导、同事喜欢狂妄自大的人，这种人不但得不到领导的重视，也不会得到同事的帮助；相反，只有时刻保持谦虚的态度，懂得地低成海，人低成王，时刻保持一种低调的态度，才能赢得他人的青睐，才更容易登上成功的顶峰。

维家谈创富

地不畏其低，方能聚水成海；人不畏其低，方能服众成王。

兵法七

跟上时代，把握趋势

中国进入梦想成真时代

如今，国企、外企、公务员都已经不再是有志青年的第一选择了，他们将眼光放在了创业上，希望通过创业改变自己的人生，实现自己的人生价值。

不知从何时起，中国的市场经济已经不再沉寂无声，而是更加朝气蓬勃的“梦想经济”。在这个“大众创业、万众创新”的时代，人人都可以为了自己的梦想，创造属于自己的事业和幸福。

如今做生意，不像从前，只要有本钱总不会输得太惨，这样的想法放在今天就会输在起跑线上。很多人都弄不明白现在的游戏规则，其实很简单，敢于创新、敢于接受新兴事物，你就走对了路。很多人之所以创业失败，就是因为开始看不见，然后看不懂，接着看不起，最后来不及。没想到吧？曾经年少时的小清新梦想，如今也能给你换来真金白银。马云就给我们做出了最好的示范。

一开始，马云的公司初始资本只有6万美元，经过8年的裂变时间，现如今的最高市值为3000亿美元。也就是说，当年你买1元阿里巴巴的股票，现在就能拿到500万元。这一切看起来是多么令人兴奋的商业奇迹，但它确实只源于马云最初的梦想：建立一个全球世界最成功的互联网公司，让所有人都能轻轻松松做生意。

2014 年 9 月 20 日，在地球上任何一个地方都是平凡的一天，但对站在纽约证交所的马云来说，这一天意义非凡。从钟声响起的那一刻，15 年前的“草根”青年，正式成为今天公认的中国首富。可是，马云带给人们的不是财富的震撼，而是追逐梦想的启发和激励——中国的年轻一代，不再把目光只停留在外企、公务员的职位上，他们希望实现自己的梦想，创造自己的事业，收获自己的人生。

马云的影响力，不亚于任何一个娱乐明星。和他一样为梦想打拼，并最终收获财富的人们，已经变成了一种精神偶像。每个怀揣梦想的人，都会牢记他们的名字，学习他们的品行，借鉴他们的经验，只为能够牢牢把握住梦想成真的机会，让梦想照进现实。

1992 年，邓小平同志给东南沿海地区创造了前所未有的发展机遇，而抓住这一机遇的那一批人，成为我国首批收获财富的人。他们的智慧和胆识，改变了自己的一生，也改变了中国的经济格局。

早在40 多年前，在甘肃省天水县，一个普通的农村小孩最大的梦想就是每天都能吃饱。为了实现这个理想，这个孩子发奋学习，大学毕业后当上了公务员，拿到了很多人都想拿到的铁饭碗。可是在人们惊诧的目光中，他扔掉了铁饭碗，下海去找寻他的金饭碗。

当年的那个穷孩子就是潘石屹，他一手创办了 SOHO 中国，成为叱咤风云的商界大佬。一时间闹得沸沸扬扬的“潘币事件”

和 SOHO 抄袭事件，把人们的目光都聚焦到了这个业界传奇人物身上。很多人都很好奇，他是如何从一个吃不饱饭的穷孩子成长为地产大佬的呢？

潘石屹在 1992 年决定辞职下海，他来到海南，和几个朋友建了万通公司。但万事开头难，创业之路总会遭遇挫折，一筹莫展的他们只好在街边的大排档、沙滩浴场消磨时光。

最初的潘石屹在游荡了几年后，仍然是穷困潦倒，后来他到北京考察发展机会，偶然得知怀柔县可以建立 4 个定向集资股份公司，可是没有多少人愿意做。潘石屹认为这是一个难得的机会，于是把公司建在了北京。当他赚取了第一笔财富后，在北京建成了万通新世界，5 天内的正式销售利润达 5 亿港元，就连中间的销售商都赚取了 1 亿港元的佣金。

1994 年 9 月，潘石屹和妻子张欣共同创办红石实业，为 SOHO 中国的诞生开创局面。

潘石屹发展的这十几年，正是中国由福利分房转向商业地产发展的关键时期，他把握了大环境的变化，抓住机遇，成为中国地产界的第一批胜利军。当然，机遇都会降临在有准备的人身上，潘石屹的成功用他自己的话来说，主要归功于 3 个方面：明确投资、简单做事、信任伙伴。

如今，我们不必再逛淘宝羡慕马云，或者望着 SOHO 中国感慨世事变幻，在梦想经济时代，赶得上潮流，抓得住机遇，每个人都有可能成为下一个马云、下一个潘石屹。

那么，新一代的创业者在未来可能遇到的机遇有哪些呢？从大的方面说有以下两个。

1. 多元动力推动经济，核心动力尚未形成

中国经济发展已经进入一个新的稳定阶段，经济发展态势良好，空间大、潜力足。我国的城镇化发展既迅速又庞大，但至今仍未实现全部城镇化，未来这部分的发展将会持续推动消费增长，进而成为中国经济发展的最强动力。

另外，随着科技经济要求的提升，我国的相关体制也亟待改革，整体的创新能力水平还有待提高。因此，未来有更多机会可以突破科技瓶颈，要形成以科技为核心的经济增长动力，仍然有很长的路要走。

2. 发展趋于稳定，结构转型空间大

经过国家多年的努力，我国的经济结构到 2013 年已经有了明显的效果：第三产业 2013 年全年的增加值占国内生产总值的 46.1%，第一次超过第二产业；2014 年持续上涨到 48.2%。内需投资一直是我国经济高速增长的内在支撑，但 30 多年过去了，国内的消费率首次和投资率持平，并且有超过投资率的势头。这说明消费已经逐渐成为我国经济增长的关键因素，其作用也在进一步加强。

目前，我国仍然存在区域经济发展不平衡的现象，东、中、西部的发展速度和阶段差距仍然比较大。但是，随着“一带一路”等经济发展战略的部署，东部和西部的经济结构，将迎来又一次的巨大调整，区域经济结构将进一步得到优化，更多地区发展将获得“发展红利”的大力支持。

与此同时，我国的经济结构依然处于转型阶段，和很多发达国家相比，我国还处在相对落后的阶段。很多因素都制约着我国经济的进一步发展，城乡结构、区域结构、收入分配、需求结构等方面都可以进一步调整优化。

维家谈创富

很多人输就输在对于新兴事物的态度上：第一看不见，第二看不懂，第三看不起，第四来不及。

市场没有好坏之分

这是最好的时代，也是最坏的时代。在这个时代，有人成功了，有人失败了。有人将成功归于时代的机遇，有人将失败归于时代的挑战。那你有没有想到这样一个问题，同样一个环境下，为什么出现不一样的结局？其实，究竟是好时代还是坏时代，关键在于你自己如何把握。

市场如流水，这一秒的顺势也许到了下一秒就成了逆流。因此，在逆境中磨炼意志，顺境中才能抓住机遇、乘风破浪。在任何时候，我们都不能停下前进的脚步，好的环境要奋力发展，不好的环境下也要顽强求生存。顺境好，它可以让我们发挥特长，迎头赶上；逆境同样好，它可以让我们反省自己，克服弱点。无论是顺境还是逆境，最忌讳的就是止步不前。

所有的历史都在向我们展现一个道理：机遇只会眷顾那些有准备的人。从某种意义上讲，逆境就是让我们完成准备的大好时机。在逆境中弥补不足，在逆境中做好准备，当顺境来临就会获得意想不到的成功。

有这样一个故事：

小徐从名校毕业，有很高的英语水平，人也非常聪明，学习能力很强，同时对新鲜事物很有探知欲。在他进入现在的公司之前，在一年里已经从两家公司跳槽出来，公司老板觉得他不太稳定，但也不想放过这个难得的人才，于是留下他做软件工程师。

5个月后，老板担心的事终于还是发生了，小徐主动提出了辞职。离职前，老板问他为什么频繁跳槽，又为什么不在公司做下去，小徐向老板说出了自己的想法。原来，小徐一开始觉得这家公司不错，能学到不少东西，但是和他一起工作的人能力都太差，有些上司甚至没有他懂得多，他不愿意给不如自己的人干活；另外，他经过几个月的观察，发现公司的人事很稳定，根本没有机会很快升职，因此决定另找出路。老板觉得小徐是所有员工中进步最快的，希望他能坚持下去，总有一天能成为公司里的中流砥柱。但是小徐并没有留下来，毅然决然地离开了公司。

小徐离开后，还时常和老板联系。在此后的3年里，他似乎一直都过着这样的生活——不断从一家公司跳槽到另一家公司，全市的公司几乎都有他的足迹。

3年后，这个老板的公司上市了，骤然增加的业务量让他不得不招聘更多的人。因为新增了很多专业性的岗位，人才又变成了最稀缺的资源。这时，老板突然想到了小徐，心想现在的公司比以前有更充足的资源，环境也更为宽松，应该有很多可以晋升的机会。于是他打电话给小徐，重新请他回公司工作。

小徐也不负众望，在新的岗位上勤奋学习，很快就搞定了一批外国进口的软件程序，让公司的新业务迅速投入运营。老板还在想，这回要好好培养他，今后一定能成为公司必不可少的顶梁柱。可是小徐再一次让老板失望了，这次小徐多坚持了两个月，然后还是辞了职，理由和3年前一样。老板再三挽留，甚至把自己的计划告诉了他，还是挽不回。

转眼7年过去了，小徐和老板的联系渐渐少了，听说他去了别的城市，依然高频率地跳槽。7年前，小徐的梦想是做主管，在那时是有些早；但10年之后，他的梦想还是主管，却已经迟了。很多和小徐同一时间进入职场的人，条件没有他好，但他们坚持了下来，如今已经出人头地。而小徐还抱着10年前的梦想，过着飘忽不定的生活。

所谓“青春是用来挥霍的”，很多人都被这样一句叛逆的话鼓舞，却很少领悟其中的真意。青春有限、精力有限，我们靠着美好的年华，多学习、多经历、多总结、多成长，这才是“挥霍”的真正含义。而不是像某些人想的那样，不惜用时间做筹码，寻找更满意的机会、更大的权力、更多的名利。有时候，那些看似优渥的东西，反而是诱人的陷阱，那些被蛊惑的人，终会被它们牵着鼻子，碌碌无为地过一生。

很多人不是没有机会，而是缺少才华；但也有不少才华横溢的人，迷失了双眼，错过了最好的机遇，茫然地寻找自己认为对的目标。机会多，有时也并非好事。如果能把握住一个并坚持下来，成功之门就会为你打开；相反，如果总想着“下一个会更好”，你也许就会错过千万个可以成功的机会。

同样的环境下，为什么有的人早已经成为同行业的佼佼者，有的人还在为十年前的梦而奋斗？是因为公司没有给你提供好的环境吗？其实不然，大家的环境都是一样的，不同的是个人的态度。人的精力有限，学好任何一项专长，做好任何一份工作，都需要强大的专注力。正所谓“台上一分钟，台下十年功”，世上没有超人，全身心地专注于一件事的人，就会成为这个领域中的“超人”，做别人所不能做的事。那万分之一秒的成功，是用千万倍的汗水换来的，只有学会坚持、隐忍、磨炼，才能创造属于自己的辉煌。

同样，对于老板来说，有人经常感慨“今年的生意不如去年”，却看不到很多企业正是在这种“今年不如去年”的大环境中成长起来的。在一年接着一年“今年不如去年”的市场环境下，有的公司却一年比一年进步。那么，到底今年如不如去年呢？还是一年比一年好呢？

世间万物都有两面性，看待问题我们也要一分为二。所谓得失利弊都在一念之间，“祸兮福所倚，福兮祸所伏”。市场当然有好有坏，但我们也不必感叹世事无常，在很多人看来不利的环境，也许正是某些企业崛起的关键时刻呢！因此，面对风云变幻的市场，我们要做的不是感叹，而是认真观察分析，找到利于发展的地方，结合自身情况扬长避短，灵活机动地应对市场变化。

所以，我们要明白：事无好坏，事在人为。成功与失败不在事情本身，只在你做得对错。

维家谈创富

先天环境的好坏，并不足奇，成功的关键完全在于一己努力。

没有成功的企业，只有时代的企业

企业就像冲浪者，今天你站在浪尖上，但你无法保证明天还站在浪尖上。同样，今天的成功并不意味着明天还会成功。企业没有永远的成功，所谓的成功也不过是正好踏准了时代的节拍。

时势造英雄，时势也能成就企业。所谓的成功者，是因为他们抓住了时代的机遇；所谓的成功企业，是因为它们顺应了时代的潮流。时代在变，潮流也跟着变化，没有人可以永远掌握时代的脉搏，我们只能擦亮双眼，寻找任何一个可能的机会。企业就好比冲浪竞技者，你方唱罢我登场，处在浪尖的不可能永远都是同一个人。

比如曾经的手机行业老大——摩托罗拉，当年雄霸一方，但最终还是被诺基亚超越。因为时代在变，摩托罗拉仍然抱着模拟时代的梦想不肯看清现实，而诺基亚没有因循守旧，大胆投身到数码时代中来，才有了更好的发展。可是，不是人们反应不过来，而是世界变化太快，春风得意的诺基亚又很快被苹果超越，因为数码时代已经被互联网时代所取代，互联网成为新的市场潮流。

因此，时代风云变幻让我们措手不及，如果不能适应这样的潮流，你就会被淘汰，甚至被淹没在时代的洪流中杳无音信。

张瑞敏曾做过一个非常恰当的总结："没有成功的企业，只有时代的企业。"正因为他的明察秋毫，才能创造海尔的不衰神话。海尔把创新作为企业核心发展战略，敏锐地感触时代的每一个变化，比如率先在家电行业推出的创新生活馆，紧紧抓住了客户的体验需求。

张瑞敏对市场的认知，不只停留在跟上时代节拍这么简单。在张瑞敏的领导下，海尔以产品质量为先，坚持"有缺陷的产品就是废品"，前瞻性地看到了"质量为王"的时代发展方向。1985 年，一封客户投诉信间接促进了海尔"质量为王"的发展战略。他带头砸向不合格冰箱的那一刻，也预示着海尔更光明的未来。因为这一砸，海尔的员工认识到了质量就是企业生命的道理，从此将"精细化、零缺陷"的质量意识深深植入内心。

海尔的创新理念，也是使企业能跟上时代发展潮流的关键，"永远否定自我、挑战自我、重塑自我"是海尔人能不断向前，不断走在行业前沿的又一大关键性因素。海尔在不断的自省中否定那个有缺陷的自我，从而超越旧我，创造全新的自我，这种以变制变的理念，使得海尔实现了变中求胜的目标。

海尔的三大核心价值观，即“用户为是，自己为非”“永远具有的创新精神”“海尔人要以用户价值为宗旨”。每个从海尔大学走出的人，都会牢牢将这3条企训铭记于心。

海尔凭借不断否定自我，不断创新产品、提升品牌，从一个小冰箱厂逐渐成长为全球“白色家电”优秀品牌。它完成的不只是从制造商到服务商的转变，它还通过软件和金融，为用户提供更优质、更美好的生活方案。

任何一个企业，要想做强做大，永远不被时代所淘汰，就必须懂得一句话：“没有成功的企业，只有时代的企业。”你所谓的成功，也只不过是恰恰合了这个时代的节拍，但谁又能保证你一直能跟得上节拍呢？

以往我们创业习惯以“成功”为目标，但在如今的市场环境下，没有一家企业是“成功”的。如果你觉得自己的公司很成功，这意味着很快就会有人超越你。忘掉“成功”这两个字吧！多少企业领导还怀着老化的观念，用尽一切办法让企业获得成功，结果却适得其反，使企业一步步衰落。这不仅是观念的问题，行动上也陷入了误区。

那么，我们该怎样找准时代脉搏，跟上时代潮流呢？

1. 改变观念

观念是行动的先决条件，要跟上时代潮流，就要先忘掉“成功”。如今的成功不是成为领域内的霸主，也不是拥有无人能及的财富，而是能跟上时代节拍，在对的时间做对的事，企业才能长效发展。

海尔最初是在1984年创立的，时值改革开放，海尔如果没有抓住这个

大好机会，恐怕今天就没有海尔这个品牌了。进入21世纪，海尔敏锐地感觉到互联网的时代浪潮，抓住了稍纵即逝的机会，才有了今天的发展。任何企业领导都不是神，不可能预知所有发展点，如果一次不能迅速抓住，企业很可能就此淹没。

2. 创新体系

创新体系从形态上可以分成两类：破坏性创新和延续性创新。破坏性创新，就是颠覆企业原有的体系，重新建立适合发展需要的新形态。而延续性创新就是在前一步骤获得成效后，将这种新型的体系继续不断改进发展，延续下去。前者是在企业遇到瓶颈时，为企业找出一个突破口；而后者则是在企业选择好新路以后，巩固新路的发展可能。所以结合起来看，两者应该形成一个循环往复的健康发展体系。

就像诺基亚和苹果，它们都是在发现先前的领先者挡住了发展前路，于是独辟蹊径，打破原有的发展模式，开创了新路子，继而进一步发展。

3. 改革制度

任何时候，制度都是一个企业发展的重要支撑和保障。要实现企业颠覆性和延续性创新的良性循环，就需要制度不断适时创新，把僵硬的制度变成一种企业文化，把创新渗透到企业的方方面面。

美国著名经济学家道格拉斯·诺斯认为，经济的增长在很大程度上都要依赖制度的创新，换句话讲，做到制度创新，经济发展才会有不竭的前进动力。换作企业也是一样，创新制度，就是转换运营思维，创新商业模式，让企业拥有创新的文化，给创新体系保驾护航。

被誉为“竞争战略之父”的迈克尔·波特说：“企业一旦站在优势的浪头，维持的方法只有持续创新。”时代就像浪潮，企业就像竞技的冲浪者，浪潮不断在变化，企业也要不断创新，适应新的市场变化。没有人可以永远站在浪尖上，每个人都要随时面临机遇和挑战。

维家谈创富

冲浪者，今天冲上这个浪尖，并不能保证明天还在浪尖上。

危机之中都有机会

一个民族，如果没有经过危机的洗礼，就无法真正地强大起来。一个企业，如果没有经过危机的洗礼，也就无法真正地成熟起来。危机，是民族、企业逐步变强的基本动力，其更深刻的意义就在于每一次危机之中，都蕴藏着无限的机会。

在英语中，“Crisis”代表危机，而在中文中，我们用“危”和“机”两个字表达。在中国人的观念中，所谓的“危机”不一定是一个贬义词，因为在“危”的旁边还有一个“机”。“危”是危险，“机”则代表机遇。也就是说，在很多危机情况下，危险和机遇都会并存。失败的人多是因为没有成功躲避危险，而成功的人不仅躲避了危险，更重要的是他抓住了后面的机遇。

在英国，曾经在一次庭审过程中发生了这样的事情：

一位经验丰富的法官审理了很多家庭纠纷案，有一次他面前出现了声泪俱下的原告——一位中年妇女，这时他仍然从容淡定。他先让中年妇女陈述自己状告丈夫的原因。妇女说：“他自

从有了外遇，就不再理我了！我要求和他离婚!”法官心平气和地说：“哦？那么那个‘第三者’是谁?”妇女咬牙切齿地说：“那个可恶的第三者就是足球!”法官一听这话，觉得好笑，就好言相劝：“可是足球不是人，你只能状告足球生产商。”于是，这位妇女真的就状告了厂家。

这家生产商的经理接到法院的传票，不仅不认为这是一个麻烦，反而觉得这是天大的好机会。他主动赔偿了妇女精神损失费，并承诺如果丈夫同意离婚，将再付给她 10 万英镑的赔偿费。当然，这位妇女最终还是没有和丈夫离婚。

家庭纠纷就此告一段落，但足球生产商的活动才刚刚开始。人们都知道，现代足球最早发源于英国，英国的国民对足球的热爱近乎疯狂。这次事件不但没有给生产商带来损失，还因此形成了很好的宣传效应，一时间媒体蜂拥而至，大肆进行后续报道。足球生产商经理抓住了这次千载难逢的机会，在这件事上大做文章，自己没用一分钱，就让自己的公司闻名全国。经理在接受采访时，还对这位状告他们的妇女表示感谢，她的丈夫因为足球不理她，正说明了他们的足球有魅力。后来，这家生产商的足球销量直线上升，一时间成为英国有名的企业。

每个人面对危机都会有不同的想法，多数人会因为面临的困难而焦躁不安，压力倍增；也有人暗自忧愁，感觉前途无望，于是从此一蹶不振。但也有人面对危机毫不退缩，反而冷静分析、细心查找，从不可能中寻找可能的生存机会。其实只要突破内心的恐惧，理性地看待危机，相信机遇就隐藏在危险之中，就能渡过危机，收获意想不到的回报。

从前有一个农夫，他在佛罗里达州买下了一片农场，可是令他非常沮丧的是，这片土地非常贫瘠，既不能种蔬菜水果，又不能养猪牛羊，而且这里到处是响尾蛇，养什么都不合适。后来，他灵机一动，既然有这么多的响尾蛇，为什么不从这里下手呢？

他决定做一个让任何人都吃惊的生意。农夫先是学来了专业的捕蛇技巧，接着他把捕来的蛇饲养起来，等达到一定数量，把蛇肉做成罐头，把蛇皮卖给皮包厂，把蛇毒送去研究所做血清。后来还在农场里开了一家观光养殖场，吸引了很多参观者。没过几年，农夫就成了远近闻名的响尾蛇养殖者，当地人也开始养殖响尾蛇。

据科学家研究，人在危急情况下，会调动97%的潜在智慧，越是重大危机，就越会产生惊人的制胜高招。这位农夫在面临困境时，没有被种种不利的因素吓倒，反而用智慧把它们变成有利因素，这就是科学研究成果的有力实证，同时也为我们做出了最好的示范。我们要相信人的潜力是无限的，在遭遇任何危机时，不要被眼前的困境吓倒，要静下心来，充分发挥聪明才智，找到突破口。

危机通常都会来得很突然，让人没有丝毫防备，如果是这样，最关键的一点就是要改变思维模式。危急的时刻，人很容易陷入思维僵局，这样就会制约潜能的发挥。首先你要相信，每个危机的背后，都会有成功的机会，你要做的就是打破常规，在逆境中发挥潜能，寻找新思路、发现新线索，如此才能破除危机，迎来发展机会。

一个成功的企业家需要具备很多因素，比如眼光、谋略、手段，但最重要的还是坚强的意志、顽强的耐力和强大的抗打击能力。在面临危机时，要有精准的眼光和果断的决断力，带领企业化险为夷。就像马云说的："今天很残酷，明天更残酷，后天很美好。但是绝大多数人死在了明天晚上，只有真正的英雄才能见到后天的太阳。"

维家谈创富

危机未尝不是一件好事，因为危机之中往往蕴藏着机会。

抢在变化之前先变

遥想当年，摩托罗拉、诺基亚、HTC、黑莓都是手机行业的霸主，可惜时局变化之下，他们却对市场反应和用户需求无动于衷，结果把自己逼上了绝路。

在竞争激烈的手机市场，三星曾以26.8%的市场占有率超过头号霸主苹果，当时苹果排名第二，而市场占有率也只是16.4%。有人分析这一结果产生的原因，有的说是品牌效应，有的说是机海战术，还有的说是科技创新。当然这些多多少少都占了一定的因素，但这一结果表明，三星显然比苹果更懂市场，更懂消费者的心。

三星产品的营运原则就是市场，市场有什么要求，三星就出哪类产品。他们针对老人开发老人机，针对商务人士开发商务机，针对在校学生开发高校机，几乎所有领域都能找到三星的用户。三星的双面玻璃，是专门给年轻“潮人”准备的；三星的超大显示屏，是专门为了满足喜欢看视频的用户；三星强化UI（用户界面），只为让用户体验更好的智能服务……三星总是在看用户的“脸色”行事，所以用户需要什么，三星的市场就在哪里。这一点确实让苹果望尘莫及。

除去内核，三星手机的硬件设备也是行业中首屈一指的。三星所有的手机硬件，全部自己生产，而且配件制造水平都能达到业内顶尖，这不得不让人由衷赞叹。

三星之所以能够在激烈的竞争中一步步走到今天，用一句话来说就是：未来属于创新者。只有创新，才有希望；只有创新，才有未来。

在这个科技日新月异的时代，如果你想有更大的发展，就必须像马云一样，要变，要抢在变化之前先变。你变化得越快，就越领先，就越能走到时代的前列。如果你做不到这一点，至少也要保证与时代统一步伐，这样，至少能够保证你不会掉队，即使取得不了较大的成绩，依然能在竞争中分一杯羹。但是，如果你只能跟在时代的后面，被淘汰，就是迟早的事情。

2013 年，随着微信用户超过 4 亿人，全民进入移动互联网时代，手机 App（应用程序）成为人手必备的工具。无论在餐馆、在地铁，还是在商场、在车站，几乎在每个角落里，我们都在使用 App。出门坐车用打车 App；吃饭、娱乐用团购 App；出门旅游用 App 订机票、订酒店，甚至买景区门票也用 App。不管是生活娱乐还是商务办公，任何人都离不开手机 App 的帮助。移动互联网拓宽了信息交流渠道，影响了人们的生活方式，也改变了我们的消费习惯。

不少企业看到了移动互联网的发展前景，纷纷投入进来，中国杂粮网就是其中一家。它们领先行业其他企业，率先开通杂粮 App，为行业企业和个人提供了发现更多机遇的商业平台，为供求双方提供信息交流，使越来越多的行业人士找到发展的机会。

中国杂粮网找准了时代脉搏，利用移动互联网走在了产业前端，为自己带来了革命性的变化，也为自己创造了全新的发展前景。

中国杂粮客户端旨在为全国同行业人士提供服务平台，企业通过注册，就可以在平台上发布和获取信息，与客户进行在线交流。平台因快速更新的信息咨询、方便快捷的浏览方式和简洁而强大的应用功能，在企业和客户之间建立了良好的沟通桥梁，为行业的整体发展提供了动力。

无论是作为一名企业的管理者也好，还是作为一名员工也好，要想在激烈的竞争中不被淘汰，就必须走在时代的最前端，在这个时代未变化之前，你先进行改变。那么，如何才能做到这一点呢？答案就在于创新。

维家谈创富

如果有可能，那就走在时代的前面；如果不能，那就同时代一起前进。但是绝不要落在时代的后面。

信用卡、金融与资本裂变

信用卡、金融与资本裂变已然成为当今经济发展的重要趋势。这种趋势如同一匹野马，奋力地向前奔腾，如果你选择在马后面追，那么你永远都追不上；你只有骑在马背上，才能和马一样快，才能跟得上经济趋势的发展，才能“马到成功”。

如今，随着经济的发展，信用卡、金融与资本裂变等名词，一个个涌入到我们的日常生活中。这些新名词的出现不仅仅意味着一个名词的使用，更代表了一种经济发展的趋势。

在当今商业环境下，如果企业跟不上时代趋势发展的速度，就会被整个时代无情地淘汰。如今的企业家不仅要在自己的领域有所建树，时代需要的是视野更开阔的企业家、更有责任心的企业家。企业不再只是实现个人财富的工具，它还是推动国家经济发展的主要力量，一个负责任的企业家，要真正关注市场的需求和变化，并积极满足这种需求，进而助推社会经济的发展。

碧桂园自1992年创立以来，一直以稳定低调的姿态示人。但进入21世纪，碧桂园突然发力，将发展着力于资本重组，并且扩张速度迅猛，让许多人都始料未及。1992年，碧桂园迎着改革开放的春风，正式在广东顺德站住了脚，2006年就获得了国家认可的房地产驰名商标。2008年公司业务已经遍布珠三角，并在全国45个城市和地区发展不同阶段的房地产项目。碧桂园近几年的主要业务不只在房地产开发上，配套的建筑装修及装饰，以及相关的物业管理，都是碧桂园的发展重点。除此之外，酒店营运也是碧桂园的主要业务之一。当然，其主要利润依然来自房地产开发。目前，碧桂园在国内有20多个房地产项目，大多在广东省；另有10家四星级、五星级的酒店项目。

尤其值得一提的是碧桂园的资本战略。2007年，碧桂园选择在香港联交所上市，初步确定4.18～5.38港元的招股价，总共发售24亿股。其中有90%均为国际配售，只有10%面向股民进行公开认购。碧桂园的第一次融资，总额就超过了129亿港元。在4月20日正式上市的头一天，碧桂园就以7.01港元开盘，以7.27港元报收，全天最高价达7.35港元，全天成交10.4亿股，总成交额为72.26亿港元。当它正式在港交所挂牌上市后，总市值超过千亿港元，成为一个在香港上市的内地房地产企业。

从开始的低调务实，到后来的资本大重组，碧桂园仿佛忽然之间就展开了资本化，并且招数让人眼花缭乱。果然如一些专家所料，碧桂园在香港联交所上市的成交股价远远超出每股净资产，比起一些在二级市场成绩漂亮的公司，碧桂园的资本运作可谓精彩绝伦。

针对碧桂园这个案例，值得认真思考的并不是碧桂园融资的手段多么令人炫目，而是它为什么要重新组织资本构架。融资是一方面，但我认为更重要的，是让企业能够更长远地发展。纵览一些成功企业的发展历程，每一次的资本运营都是一个重要的转折点，抓好这一机遇，企业就能实现“三级跳”。由此可见，资本运营对一个企业来说是多么重要。

如今越来越多的企业已经认识到了资本运营的作用，并将其纳入发展战略中来。学会利用资本运营更好地运营生产，可以使企业用产品和资本推动发展。

这是一个不断变化的时代，谁也不知道下一个浪潮在哪儿，只有时刻保持敏锐的观察力，让企业与时俱进，紧跟时代潮流，不断更新适应生产的管理方法，灵活应对市场变化。只有这样，企业才不会被时代所淘汰。要跟上时代步伐，必然要抛弃传统观念，敢于颠覆的企业，才能获得更好的发展。

这是一个机遇与挑战并存的时代，一切资源都是给实力超群的企业准备的。只有将运营模式调整到最佳状态，找准市场真正的需求点，打造深入人心的品牌，不断提升核心竞争力，企业才能获得更多更好的资源，从而实现长效发展，永不被时代抛弃。

维家谈创富

这是一个大觉醒的时代，如果你还在沉睡，就应该被淘汰；如果你还在装睡，那你就别醒了。

兵法八

今天怎样做老板

承受力是做老板的前提

这是一个快速迭代的时代，生活中的每一个突发事件，都有可能将你颠覆，将现在的你推向未知，这一切无人能够掌控，我们唯一能做的就只有承受这一切。你扛得住所有的苦难，这世界就成了你的。这就是老板的生活方式，也是老板的正确打开方式。

相信很多人都见过这样一幅漫画：一个人觉得地下有金矿，于是他夜以继日地挖，可是总也挖不到，到后来他越来越灰心，认为自己当初的判断是错的，最终放弃。但是，我们可以看到，这个人离一个巨大的金矿只有一锄头的距离。人生十有八九不如意，遇到困难，我们最重要的任务不是怀疑自己，而是坚定信念、坚持到底，走过最黑暗的时候，才能看到黎明的曙光。

有一个刚大学毕业的年轻人，被派到一家石油公司上班，但油井在海洋上。年轻人上班第一天，就被队长要求爬几十米高的钻井架，而且必须在规定的时间内完成。

年轻人好不容易爬到钻井架顶端，却看见主管包着一个盒子正在等他："把这个盒子拿给你的队长，让他签名。"年轻人十分困惑，但不得不照做，于是便抱着一个碍事的盒子，在狭窄的舷梯间移动。他好不容易下来，把盒子交给队长签字，队长又叫他把盒子送给主管签字。年轻人有些不爽，他看了看高耸的钻井架，嘴里嘀咕着向上爬。当年轻人气喘吁吁地爬到顶层，主管二话没说，签过字就把盒子递给他，让他再把盒子送下去。年轻人不淡定了，他一边擦着汗，一边靠在栏杆上，犹豫了半天。他想过放弃，但这是他的第一份工作，而且得来不易，只能咬着牙继续向下爬。

就这样，年轻人又坚持了两个来回，当他第五次来到主管面前，已经筋疲力尽了。他竭力不让自己对主管发火，步履艰难地走到主管面前，主管却慢条斯理让他把盒子打开。年轻人打开盒子，里面是一罐速溶咖啡，以及一罐咖啡伴侣。看到这些，他终于忍不住了，一把把盒子扔在地上："我受够了！你们这是存心找碴儿，我不干了！"

没想到主管却变得严肃起来："本来我以为你能坚持到第五次，已经承受住了'极限训练'，但没想到你还是差一步。告诉你吧，每个到这里工作的人，都要经受这样的训练。我们今后都要在海上作业，时常会遇到意想不到的危险，这一点压力你都承受不了，往后怎么能完成工作任务？可惜就差一点，你就能喝到香甜的咖啡。但是现在，你必须走了。"

在人生的道路上，你要想有所成就，就必须承受一定的压力。在职场中，你要想成为一名优秀的员工，注定要比普通的员工承受得多；如果你是一位老板，那么恭喜你，你的承受能力则要更强。

如果把一切社会因素抛开，面对严酷的环境，生存就是本能反应；在商业竞争中也是一样，盈利是所有商人的本能追求。不盈利、不赚钱，怎么能称之为"商业"？但挣钱的压力，往往都是老板在背，员工压力再大，也不过是完成工作、提升业绩、多挣工资，员工觉得满足就会留在公司，如果觉得有更好的机会就会跳槽，老板也没办法。但老板不能这么做，总不能公司生意好就继续做，生意不好就撂挑子走人。生意再怎么不好，也要咬牙坚持，毕竟公司是自己一手创办的产业，总归是有感情的。如此说来，做老板实属不易。

中国台湾有一家有名的灯饰公司，叫贤林灯饰，董事长林国光是行业里数一数二的人物，但当初他接手公司的时候，公司已经负债累累。当年经营家族公司的是他大哥，后来公司效益逐年下降，大哥累出肺癌，不想让家族产业毁于一旦的大哥，便把远在美国的林国光找了回来。林国光身上不仅背负着公司债务，还背负着家族的荣誉。

林国光回国时37岁，为了还债，他把所有可以变卖的东西全部卖掉，还了一笔债，但还有很大的一部分始终无法筹集。后来，林国光召集齐所有的债权人，给了他们两个解决方案：第一，起诉他大哥，让他带病坐牢，但该还的钱仍然没有着落；第二，给他半年时间筹集资金，然后从第七个月开始，每个月还一部分，直到所有债务全部还清。经过商讨，债主们都选择第二个。

在之后的3年里，林国光和妻子挤在狭小的公寓里，吃着最简单的饭菜。林国光每天都要工作将近20个小时，有时站在阳台上，看着万家灯火就有想跳下去的冲动。可是如果自己死了，就要让妻子替他承担债务，于是他咬紧牙关，继续熬着艰难的日子。

就这样，林国光一个月一个月地还债，终于在41岁的时候，还清了所有债务。接着，他重新整合公司资源，让贤林灯饰东山再起，成为资产过亿的大企业，他本人也被人们称作“灯饰大王”。

凡是做老板的，没有能轻轻松松成功的，大家都是从苦日子里熬出来的。别人只看排行榜，只看名车豪宅，却从来不会注意他们默默无闻的日子。这是人世常态，不好妄加指责。但我们要知道，每个人成功之前，都是一个普通人；每个成功者背后，都有一段艰难的日子。

所以，老板和员工最大的不同，就是对待压力的态度。员工通常不需要给自己太多的压力，工作要开心，工资待遇要好，就足够了；待遇不好可以换别家。可是老板不行，就算公司明天关门，今天也要笑着给员工发工资，这就是一个老板应该承担的。

老板不仅要有抗击失败的能力，更要有能抗击成功的能力。公司业绩不好，要迎难而上；公司业绩太好，要懂得反思自检，找到自己的弱势，为公司进一步发展找准方向。如果得意忘形，等待你的只有失败。

维家谈创富

生活一路向前，波折一路相随，我们能做的，就是承受这一切。

从制度管人到文化管心

人管人，累死人；文化管人，管住魂。在管理中，企业文化润物细无声，能渗透到人的灵魂深处，给管理者带来意想不到的惊喜。在企业管理中，制度管人，只会让员工更想冲出牢笼；相反，唯有文化管人，才能从心征服员工。

管理大师们总在告诫我们：三流公司领导管人，二流公司制度管人，一流公司文化管人。仔细想想，从改革开放以来，国内的企业不就是这样一路走过来的吗？过去公司里都是领导说了算，领导指哪儿手下就做哪儿；后来随着市场经济的逐步开放，走在前面的企业都用人性化的制度取胜，成为行业翘楚；而现在，凡是在国际上排的上名的企业，不都有一套核心的企业文化吗？时代在发展，我国企业也在不断升级换代。

不是有这样一句话吗？“人管人累死人，文化管人提升人！”文化，自古以来就是一个国家、一个民族的软实力，文化可以以润物无声之势，深入到人的内心和灵魂。英国作家王尔德说：“世间再没有比人的灵魂更宝贵的东西。”灵魂丰满的人，精神就会富足，做起事来才会充满干劲。放在企业管理上也同样奏效。

有一家民营的乡镇企业，创立初期只是一个只有百十平方米大的小公司，经过几年的发展，已经成为有两家分厂的大企业，还在当地投资建设了工业园。当别人问企业老总是如何取得如此骄人的成就时，他感慨地说：“做企业就像做人，要肯花精力在经营人心上。”

在公司成立10周年的庆典上，老总为公司的两位员工塑立了两尊铜像，还请他们的家属参加庆典，全体职工一起纪念了这两位英雄。这是怎么回事呢？原来，其中有两个感人至深的故事。

这两名员工是和老总一起创业的元老级人物。公司成立初期，由于经验不足，被经销商骗走了10多万元的货款。其中一名业务员为了帮公司讨回这笔货款，多方打听经销商的逃逸去向，并日夜兼程赶到经销商的驻地，向他们讨要被骗的货款。结果经销商不仅不认账，还将这名业务员暴打致残。另一位员工的工作能力也非常突出，同时他的责任感也很强。有一次公司谈了一个大单，但对方的老板第二天要出国，最后的谈判需要在当天晚上谈好。为了能给公司谈下这笔生意，业务员连夜开车到合作公司老板所在的城市，结果在路上遭遇车祸，不幸身亡。

这两名业务员能为公司不顾个人安危，以公司利益为先，就是因为老总平时很照顾、关心他们。创业初期大家日子都不好过，老总在给他们支付工资之外，总会给他们一些补贴，家里有困难，老总也会提供力所能及的帮助。为此，他们对老总忠心耿耿，对公司肝脑涂地。而公司老总也对他们十分信任。

不仅如此，在这次庆典上，老总把过去在公司工作过的全部员工能请的都请来了。老总对他们说："我感谢在公司的每一名员工，我更感谢曾经在公司的员工，没有你们就没有企业的今天。所以，如果你们还想回到公司，公司随时欢迎你们。"

老总的这一番话，不仅让在职的员工充满自豪感，也深深地打动了离职的员工，之后有不少人都愿意回到公司，继续为老总效力。

这家公司的老板无疑是充满智慧的，他用真诚对待员工，员工用忠诚回报他。而这次庆典活动，也进一步增加了员工的凝聚力，调动起了员工的热情，为企业未来的发展加足了马力。因此，老板想要让企业成功，就要先成功经营好人心，不仅让员工觉得企业可以满足他的物质需要，更要让员工产生强烈的归属感，满足他的精神需要。

制度的本质还是约束，再有人性的制度，在人心里也是一种被动的束缚。就像你把狮子关进笼子，它唯一想做的就是冲破笼子，正如有句话说的那样："规则就是用来打破的。"所以，老板要学会用文化这种看不见的无形力量来感化人，用文化聚拢人心，用价值观引导员工的认同，最终形成坚不可摧的团队凝聚力，打造企业核心竞争力。

企业的成功，只有三分是靠技术赚来的，而剩下的七分都要靠管理来完成。管理是一门非常值得老板们深入学习的学问。学会用文化管人，才能解放自己，让员工自己管自己。

古人早就训导我们："得民心者得天下。"凡能获得民众拥戴的领导者，最终都能成就一方霸业。从政如此，从商亦如此。作为企业领导者，要想推动企业顺利发展，就要先收获员工的心。当员工对你对企业充满信心，他就会对工作充满责任心，一个有责任心的员工，就会让企业业绩更漂亮，给企业带来更多利益。

文化在任何一个领域都是一种强大的软实力，要实现企业健康、长久的发展，就要让每个员工的血液中充满企业文化。企业文化是企业生存的空气，是企业运作的水源，是企业发展的动力。企业文化不是方法，而是理念；不是行动，而是产生行动的基础；不是工作指导，而是促进工作的动力；不是服务准则，而是服务最终达到的境界。

维家谈创富

比人才更重要的是制度，比制度更重要的是文化。

做事还是做人

做人还是做事，一直是老板的两难选择。有人说老板应该做人，也有人说老板应该做事。到底应该选择哪一种？答案非常明确，那就是小老板选择做事，大老板选择做人；反之亦然，选择做事，只能成为小老板，选择做人才能成为真正的成功人士。

任何人都不是超人，更不是神。老板把有限的精力放在局部的专业上，就会疏忽企业管理。而企业一旦疏于对人的管理，整个运营体系就会出现混乱。原因很简单，人是做事的根本所在，业务都是给人准备的，只有人做好了，业务才能出效果、创业绩。但企业一大，人就会多，人一旦变多，问题也会随之而来。如果一个企业不能把人管好，就等于是把事放在一旁不管，甚至比不做事还糟糕。所以企业老板一定不能忽视管人。

一般说来，老板管人不能靠自己做事，而是要靠自身的影响力，这是“权威”的内涵所在。懂得管理的人，是会“一手拿大棒，一手拿糖果”的人。会管人的老板，总能让员工“又爱又怕”，员工既对老板满怀报答知遇之恩的心情，又不敢在工作中有丝毫怠慢。我想这是很多老板都想达到的效果。

说到这儿，我们不得不说说道家的“无为”。老子的“无为而治”思想流传了上千年。《道德经》曰：“人法地，地法天，天法道，道法自然。”在这里，老子把万事万物的运作都归结于自然规律，认为为人处世的最高原则就是顺应自然，不要对事物发展的必然规律横加阻拦，不要想着去干涉事物的自然进程。特别需要我们注意的是，老子的“无为”并非不作为，而是不违天道，不妄为，这是其宗旨所在。

从前有个木匠，领着自己的徒弟周游名山大川，寻找最好的木材。一天，他们经过一个村庄，在村口发现一株参天大树。徒弟问过村民后得知，这棵大树已经长了几百年，它的树冠可以一下子容纳上百人，村民们还为它修建了庙宇，奉为树神。徒弟不禁被这棵神树迷住了，可是师父只看了一眼，就从树旁走过，一句话都没说。徒弟很不解，于是问师父：“师父，我们游历了这么久，从没见过像这样的大树，您为什么都不多看一眼？”

木匠慢悠悠地说："这是一棵散木。做房梁会被虫蛀，做家具会很快被磨损，做棺材会腐烂得很快，做船浮不起来。拿它做什么都不好，要它有何用?"谁知木匠当天晚上竟然梦到了会讲话的树。神树问他："你说我没用，可是如果我有用，早被砍去做木材了，今天还能被奉为神树吗?"

木匠辩解说："从我的角度来看，你本来就是无用的嘛!"

神树听后，这样说道："诚然，你们所认为的有用，就是我可以让你们来改造，把我做成你们想要的样子。但我本身的'存在'就给人们带来了好处。我虽然没有被你们做成你们所需要的用具，但我为人们遮阴避雨，这就是我发挥的作用，怎么能说没用呢?"

木匠一听，顿有所悟：原来这棵大树的"无用"，才正是其有用之处!

事实上，道家所倡导的"无为"，并不是让人们"不作为"，而是要"不妄为"。不妄为就是要顺应自然，不做违反客观规律的事。所谓的"无为而治"，其实是在教导人们用"无为"的心态去有所作为。

要做到这一点不是很容易，需要老板有大气的格局和智慧。但老板也是人，也有私心和欲望，因此，老板要做的就是换位思考，站在员工的立场想问题。总之，顺应民意，才能收获民心，企业才有凝聚力。

大家同在职场，但老板和老板的不同，就体现在会不会无为而治。我们常说，一流的老板，不会让员工在日常工作中感觉到他的存在；二流的老板，会赢得员工的普遍称赞；三流的老板，只会让员工都忌惮、害怕他；而四流的老板，连员工都瞧不起他。老板不讲诚信、没有威严，他的员工就不信任他，更不会为他效力。好老板既和颜悦色，又不怒自威，很少发号施令，事情却办得妥妥当当。

万科集团的董事长王石，在众多老板之中，是最懂得“无为而治”的老板。在万科集团上下，员工都知道自己该做什么，都知道上司安排了什么，却不知道大老板王石在做什么。他们唯一知道的就是：他是万科集团的老总。让员工自治，是企业管理的至高境界。

我们会发现有不少老板都奉行“难得糊涂”的行动准则，但不是每个老板都明白其中的真谛。他们嘴里总是念叨“难得糊涂”，眼里却能看到下属出的一点小错、犯的一点小毛病。整天和财务部核实支出报销，到采购部过问采购细节，到销售部检查业务数据……

一个企业的人员配置，大致分为老板、经理和员工三部分。每个等级上都有很多岗位，大家都有各自的工作职责：员工抓技术，经理抓业务，至于老板，当然要做好指挥和监督。老板不需要把每件小事都做好，只要让员工信任你，愿意为你和企业付出就行。

老板要想做得好，不能成天琢磨事，学会琢磨人，才是一个成功老板的管理哲学！

维家谈创富

失败的老板琢磨事，成功的领导琢磨人。

做领导还是做领袖

领导就是做最好的自己，领袖就是能做最好的团队。这个时代，我们不仅要做最好的自己，拥有自己的下属；还要用自己的影响力，做最好的

团队，赢得一大批的追随者。

领导是什么？领袖又是什么？他们一样吗？我们先从一个故事说起：

小韩和小闯是一对好朋友，他们在一家公司做主管。小韩主管运营，手下都是一帮技术狂；小闯则主要负责销售，团队里都是些能言善辩的主儿。

小韩不是团队里的精英，没有显著的技术成就，他手下的技术“达人”们也不都信服他，有些在私下里总说小韩做事不够精细。而且小韩从来不自己拿主意，总要询问其他队员的意见，这就给人留下了“扶不上墙”的感觉。但小韩有一点让人觉得很好，就是他脾气好，从来不会跟人较真发火，所以他们的小团队里气氛一直很融洽。

而小闯则恰恰相反，小闯是公司里的“金牌销售”，整个人的行事风格也是风风火火，做事从来是说一不二。他的个人能力在整个团队里是顶尖的，任何难搞定的单子，只要小闯出马保准拿下。因此，小闯在公司里得到了“坦克”的称号。他手下的人，每天都如履薄冰，生怕自己哪点做得不好，成为“坦克”碾压的对象。如果哪次报告总结会的时候，销售业绩出现明显下滑，全公司都能听到小闯的咆哮声。

两个人做主管也有几年了，他们虽然管理风格不同，但却有着同样的烦恼。在他们带领的团队里，人才流失是全公司最频繁的，更要命的是，付再高的薪水，也招不来人。小闯的队伍里，几乎每个人都想找机会跳槽，哪怕是调到别的部门，也是千恩万谢。再看小韩，他的手下倒是稳定，可是怎么也没有明显的成绩，还经常让别的部门嫌弃，称他们是“敬老院”。

两种截然不同的领导，想必很多人都能看出问题来。我们先来说说老子对君王怎么看。老子在《道德经》中曰：“太上，下知有之；其次，亲而誉之；其次，畏之；其次，侮之。”这么看来，最高级的君王，应该是“只知其人，不见其人”吧；接下来稍逊一筹的，就是“好好先生”型的；接着是让人望而生畏的；最后是让人想群起而攻之的。以此对照故事中的两位主管，小韩为人和善，但做事难免让人感觉拖沓，不够利落；但小闯做人做事太过雷厉风行，并且要求下属和他一样优秀，未免太强人所难。所以，从这一角度看，小韩是不是更具有领袖的品质呢？

这里我们就要谈到，究竟什么是领导，什么是领袖了。简单地说，领导更关注的是事情本身，而领袖的关注点更多地放在人身上。小韩这类型领导的问题在于，在团队需要抓技术工作的时候，自己当起了领袖，导致工作效率低下；而小闯这类型的领导，则是在他需要发挥领袖带头作用的时候，扮演了领导的角色，抓着具体的销售业绩不放。

现代管理大师彼得·德鲁克曾说：“对领导者的唯一定义是有追随者的人。”按照彼得·德鲁克所说，担任领导这一职务的人，你所拥有的只是下属；而真正的领导人即领袖，有的则是一群拥护他的追随者。

成为优秀的领导，还远远不够。成功的老板，要成为企业领袖，让更多人忠心地追随你。那么，我们要怎样做，才能成为合格的领袖呢？

1. 善于倾听

倾听是人与人之间最好的交际方式之一，当你做出认真倾听的姿态，就是在向对方表达你尊重、重视他。一个受人爱戴的老板，一定要经常倾听下属和员工的心声，让他们体会到你对他们的关心，当他们觉得自己受到重视，就会更加努力地工作。

老板在倾听的过程中，也可以从下属那里获得有价值的信息，为企业的发展提供帮助。另外，老板的倾听应该是持续行为，不能一时兴起，更不能为了显示自己“亲民”而搞形式主义。

2. 乐于微笑

服务行业的员工深有体会，有时一个浅浅的微笑，可以给自己带来很多好评。企业老板在面对员工时，也应该这样。尤其是在与人交流的过程中，很多情况不需要语言出马，只要一个微笑就可以完美解决。

一个不会微笑的领导，永远不可能成为一名合格的领袖。面对客户我们需要微笑，这样可以带来更多订单；那么面对员工，我们也应该多微笑一下，这样就可以获得更多人心。毕竟，没有一个人喜欢给整天板着脸的老板做事。

3. 态度谦逊

越是成熟的稻穗，就越低垂着头，因为那是沉甸甸的丰硕的果实。企业领袖应该是企业的灵魂人物，同样也应该是企业中最谦逊的人物。无论是做人，还是做老板，只有那些水平一般、没有几斤几两的“半吊子”，才喜欢在众人面前端架子。真正成熟稳重、有内涵的人，反而会谦逊做人、谨慎做事。

古人云：“满招损，谦受益。”我们从小就被教育，做人做事要戒骄戒躁，因为有时成功也会成为我们最大的敌人——面对一点小小的成绩，就标榜自己有多伟大，往往会使自己变得盲目，看不到自己的缺点，发现不了前方的坎坷。

也许有人觉得谦逊代表软弱，其实恰恰相反，敢于正视自己缺点的人，才会变得谦虚谨慎。确实，很多时候谦逊难以和“成功”“满足”“尊重”搭上关系，但那些成功的领袖，正是用谦逊的态度，才最终获得了这些。

4. 心态乐观

人的内心同样需要阳光，需要有像阳光般温暖光明的心态，如此才可驱散恐惧、伤心和一切狭隘、自私的负面情绪。人生路上，有人成功有人失败，很大一部分原因就在于心态。同样是失败，心中有阳光的人会把它当作成功的垫脚石；而内心阴暗的人，则会把它当作无法绕开的绊脚石。

英国 19 世纪批判现实主义小说家狄更斯说："一个人的阳光心态，比一百种智慧更有力量。"乐观不仅可以改变人生，也会影响一个企业的兴衰成败，作为企业的决策者，拥有乐观豁达的心态，是企业顽强生存、持续发展的关键因素。

5. 善于交流

运营一个企业，少不了要涉及管理，而企业管理从根本上讲，还是管理人。因此，和同事、下属、员工做好沟通和交流，也是老板应该具备的一项基本技能。善于与人交流，可以更轻松地获得与人合作的机会；不善于交流，自然就会丧失很多合作机会。

老板善于交流，可以和下属建立真诚互信的关系，能获得下属的信任，对于上层决策就可以充分理解、认真执行。相反，如果老板不善于交流，就会和下属产生误解和隔阂，这样即使下属强制执行上级决策，也很难保证顺利和效率。这样的老板也很难带领企业走得更远。

维家谈创富

担任了领导职务，你只是有下属；只有把下属变成了追随者，你才成为真正的领导者，也就是领袖。

做老板的道与术

企业要发展壮大，老板就要懂得管理哲学，就要善用“道与术”的手段，使其完美结合。简言之，企业高层要做到重道不重伎（术）；企业中层要做到知道而善伎（术）；企业基层要做到明道而精伎（术）。

什么是“术”？小时候大家都学过算术，所谓术不过是精于算计，善用一些看似很精明的手段。古代讲某个人“善用权术”，总不会给人留下什么好印象，因为里面难以避免欺诈和愚弄。“术”可以牟一时之利，却不可成王者之道。有人觉得老板和员工，就是一个雇用和被雇用的关系，除了那点经济利益没别的，其实这是旧观念。员工是企业赖以生存的基本因素，他们为企业创造价值和效益，同时实现个人价值，包括获取个人财富等。如果老板只拿员工当傻瓜，只会用“术”来对付他们，还谈什么忠诚？

然而，有些老板就是转不过来这个弯，过分注重管理手段，对员工采取“严防死守”的态度，对待员工好像对付敌人似的。这些老板们整天东奔西走，绞尽脑汁想着怎么少花一笔采购费，怎么多卖出一件产品，怎么搞促销活动，甚至连会员生日送什么礼物、上门服务要注意哪些事项都要管。每天事无巨细地交代这指派那，但当问及企业明年的发展规划和战略目标时，就变得哑口无言，茫然不知所措。这样的老板，想必连企业文化、市场战略、人才管理、经营规划等都一概没想过下属。这就是典型的“重伎而不重道”，有这样思维模式和经营方法的老板，永远只能占点小便宜，做点小买卖，难成气候。

有一个民营企业的老板，总被公司人事管理问题纠缠，导致很多大事都没时间考虑，公司业绩也大不如前。为此，他找到专业的管理专家，说出了自己的烦恼：首先，公司的人员流动太过频繁，特别是中层管理，差不多每年都要变一变，使得公司很不稳定；其次，现在很多离职的员工，都要回过头来和公司打一场维权官司，为了处理人事纠纷，总要忙得焦头烂额。

为了搞清这家公司的实际情况，专家专门和离职员工进行深入沟通，结果发现，凡是离职的员工，对公司没有丝毫的留恋，甚至非常抵触。总结起来有这么几个原因：第一，初入公司时承诺每年都会按照业绩给予相应的年终奖，可是很多年都没有兑现；第二，公司的管理制度从来没有一个固定模式，上级总是朝令夕改，搞得管理层不知该怎么传达；第三，公司内部人事过于复杂，明争暗斗时常发生。

专家把这一调查结果反馈给企业老板，老板却一肚子委屈："年终奖按业绩发是没错，可是公司全年各项的费用也不少，算下来实在没有多余的钱兑现；公司的管理制度调整，是因为他们在执行时频频出现问题，如果不及时改正，企业就会蒙受更大的损失；说公司人事复杂的，我看是他们自己在钩心斗角，这么大点的一个小公司怎么可能那么复杂？"老板接着抱怨，"这下好了，新《劳动法》一颁布，人事管理起来就更困难了，员工不称职，又不能随便开除，甚至员工出错都不敢处罚。"

专家就很不解了，既然这样，离职的员工怎么会有那么大的怨气呢？"那么如果公司需要裁员，您又是怎么做的呢？"老板回答说："不能直接裁，只能先把他调回厂房，按最低工资标准给，逼他们自己提出辞职。现在公司里的员工基本都是最低工资，销售这块有绩效工资。对于不称职的员工，就降低工资，不想干就自己走人。”

听了这位老板的话，是不是觉得哪里不对？其实该公司人员流动频繁，员工忠诚度低的重要原因，就在于老板精于用“术”，而不施以“道”。

很多个体经营、小作坊、小公司都是这样做的，无可厚非。但这一现象出现在很多中型企业里，绝对是非常危险的。难怪我国的企业平均寿命只有短短的几年，而且能在国际舞台上露脸的屈指可数。

老板如此，更要命的是中层管理也会照猫画虎，学得有模有样。一些人“难得糊涂”，老板说一就不会说二，没有目标、不知方向，只做老板的好枪——指哪儿打哪儿；而另一些人，看起来比老板精明，说起企业未来的发展头头是道，好像这家公司放在他手里，就能冲进世界五百强。可是如果你问这两种人对企业发展能提出什么具体的战略规划，他们只会想当然地信口开河，毫无科学分析和合理依据。这些中层干部就像包工头一样，工作起来毫无章法，只顾自己乱折腾。

如果你的志向仅此而已，重视术也无可厚非；但是，如果你还想有所成长，进一步有所作为，就别把你的眼光局限于术上，放开你的眼界，看看真正的管理之道吧：企业高层要做到重道不重伎（术）；企业中层要做到知道而善伎（术）；企业基层要做到明道而精伎（术）。

企业高层要做到重道不重伎（术），意思是说企业的老总们要着重于企业发展战略规划的实施上，认真研究企业的发展方向、目标及实施措施。至于具体落实工作，如何运用“术”和“伎”，就是中层下属的职责了。老板要做的就是为他们放权，充分调动他们的工作积极性，而不是自己累得半死。

企业中层要做到知道而善伎（术），意思是说企业的中层管理干部得对企业的发展方向、战略规划做到深刻了解、心知肚明，知道路该怎么走，同时又要精于术、善于伎，明白事该怎么干。中层管理者是非常关键的一环，不但要把高层的战略意图清晰地传达给下级员工，还要熟悉下级员工的工作方法、操作技能，确保员工可以正确完成工作，实现企业的战略目标。

企业基层要做到明道而精伎（术），指的是作为员工要做到“明道而精伎”。身在最基层的员工，要了解企业的愿景，并把自己的工作融入到这个共同愿景中，为发展目标而努力。与此同时，要充分发挥自己的专业技能，在具体工作中不断学习、提高、创新，认真做好本职工作的同时，也要提高产品、服务质量，创造更好的业绩。

总之，管理之法，重道轻术。一个成功的管理者，一个成功的老板，绝不能逞一时之能，为了一点蝇头小利，而让企业陷入大危机。管理之道体现的是老板的胸襟和气度，也是一个企业能否成功的关键。

维家谈创富

术只能让企业逞一时之能，道则可以许企业一个美好的未来。

做老板的三件事

一个天天出现在办公室、忙忙碌碌、废寝忘食、工作管理一把抓的老板，绝对不是一个好老板，至少不是一个成功的老板。因为真正的老板都是很清闲的，无非就是三件事：融资、点将、布局。

如今的老板已经不是从商人士的终极目标，因为现在的大部分老板仍

然忙忙碌碌，起早贪黑，在公司总也见不到人影，甚至公司上下事无巨细全部都抓在手里。殊不知，这些所谓的“老板”实际上还算不上真正的商人，真正的商人一般都很“闲”。他们为什么闲？因为只有三件事是值得他们做，这就是融资、点将和布局。下面我们一一分析。

1. 融资

毫无疑问，资金是维持企业生产经营活动的基本食粮，一个企业能否持续稳定地发展下去，主要依赖于充足、稳定的资金来源。企业发展的每一个阶段，都要根据不同的生产结构，及时筹集足够的资金，否则，就会使生产和经营陷入困境。但很多民营企业普遍存在融资难的问题，80%的民营企业家都认为，融资是制约企业发展的最大障碍。这是因为融资本身就有一定风险，过程中任何决策或操作失误，都有可能导致严重后果。就像著名的乳酸菌品牌——太子奶，就是因为融资不当，仅仅9个月就宣告破产。对于很多中小企业来说，融资失败就等于直接宣判死亡。尤其是在金融紧控的形势下，各家企业都会面临一定的融资风险。

很多企业一夜之间就突然死亡，最常见的原因就是资金链断裂。所以，融资是企业家的第一要务。融资不只存在于企业初创之时，就如我们前面所说，资金是一个企业的生命供给，凡是需要维持运营的关键时段，都不可避免地需要采用融资手段。比如应对紧急事件要预留备用金，支付到期账款也要有准备金，企业战略转型时还需要投入大量资金。事实上，如今的融资渠道越来越宽，除了传统的银行借贷、公司借贷、发行股票、私募基金外，还可以通过众筹等方法获得资金。

至于能否筹集到甚至超过所需资金，这就要看企业家的本领了。所以，企业家在日常是不会把目光聚焦在小事上的，他们要做的是修炼自己的社交和融资能力。如今的企业家，必须懂得如何“玩转资本”。

2. 点将

用人是一门学问，企业要想用好员工，也不是件简单的事，它主要包括识人、知人、选人、组人、育人、用人、励人、留人、放人九个方面：

一是识人。企业要广开渠道，从各个方面寻找和认识人才，其中包括猎头网站、现场招聘、人事外包等。

二是知人。企业招到人，要对人才的优势和弱点有一个清楚的认识，并了解人才的个人意愿和想法。

三是选人。根据人才的特长优势，选择合适的工作和岗位，最大限度地发挥其所长，避免浪费人才。

四是组人。合理配置人才，组织最优化、高效的团队，实现人才的优势互补，提高团队竞争力。

五是育人。对人才进行思想上和技能上的培训，及时发现和弥补不足，在提升员工个人能力的同时，也能增强团队的整体实力。

六是用人。用人的最高境界不是只用长处，有时人才的“短板”运用得合理，也能达到意想不到的效果。

七是励人。再好的人才也有疲惫的时候，因此不断对员工进行激励，激发他们的潜能，才能更好地实现员工价值。

八是留人。企业想要留住人才，最好的办法是靠企业文化，这是最强有力的巩固人才的方法。其次是靠人留人，凭借企业老板的个人魅力留住人才。最后才是靠钱留人，要记住，永远都有比你价码高的企业，所以这是最难以长期奏效的方法。

九是放人。这是很多企业家必修的一门高级艺术。企业家要把对企业无益的人放走；在适当的时候，也要把不适合公司发展形势的人放走，放走这些人，公司会在未来收获更有价值的回报。

3. 布局

完成了融资和用人，企业家就要为企业的发展布局了。在企业进入良性运作时，企业家要敏锐地感知宏观发展趋势，掌握未来的经济发展动向，以此来为企业制定发展战略。

企业在哪个阶段转型，在哪个节点变革，在哪个领域增加投入，果断放弃哪部分业务等，这些决策的判断，不是听听国家政策、看看股票指数就能下结论的。企业家需要从以往的经验中积累信息，深刻理解市场动态，明察洞悉当下时局，并对未来发展态势进行准确判断。

企业领导者的决策力对企业发展至关重要，稍有不慎，就会让企业陷入万劫不复的深渊，一切努力和心血都会毁于一旦。因此，“喝茶”是企业家最应该重视并全力以赴的事情。

上述3件大事对企业家来说同等重要，都是必须要做并要做好的，只不过在不同发展阶段其侧重不同而已。企业家要根据各自企业的实际情况和企业的发展阶段，以及所处的市场环境，权衡利弊、仔细斟酌，要做到步步为营、张弛有度。如果企业家能把这3件大事在适当的时间都做好，那就真的可以喝喝茶了，因为此时的企业，必然已经跻身世界知名企业的行列。

维家谈创富

企业家只要把融资、用人和布局的工作做好了，就可以高枕无忧了。

兵法九

商业模式定天下

商业模式为王

为什么企业实现了大量销售，利润却薄如刀片？为什么企业的发展后继乏力？为什么“中国制造”难以打造国际竞争力？企业到底该怎么发展？是品牌制胜，还是渠道为王？是快速扩张，还是占山为王？是人海战术，还是市场放羊？答案就在于商业模式。

如今我们谈创新，不是有一个好点子就一个人满腔热血地去干，单枪匹马闯天下的时代已经过去了，协作更重要。个人是这样，企业也是如此。

在湖南长沙，曾出现过这样一家车行，他们把国内的民间汽车互助形式和国外的汽车银行模式结合起来，帮中国的工薪阶层租到更便宜的车。这家车行就叫“好邦客”。

“好邦客”面对的是广大工薪阶层，他们很想用一部座驾代步，但一时又没有多余的资金，于是“好邦客”就帮助他们实现愿望。想要租车的人，只要办理手续成为会员，就可以租用代步车辆，使用时间和所用花费都可以计入积分。会员办理非常简单，只要到指定的银行缴纳 1.5 万元的保证金，并绑定银行卡就可以。

“好邦客”在为会员提供租车便利的同时，还办理二手车托管。车主把自己的车像到银行存款那样存进“好邦客”，期间可以租赁“好邦客”里的任意车辆；等托管期满以后，车主可以取回车辆，并获得相应收益，另外还可以领取30%的车辆使用费。

“好邦客”的启动资金只有20万元，但如今已经成为当地的一大特色车行，年收盈达3000万元。它的成功不在于资金投入，而在于灵活的创新营销思路，把汽车租赁、销售和二手车交易整合联动，开创了新的消费市场。

“好邦客”是如何实现巨大的财富创造的呢？我们不妨来探讨一下“好邦客”的模式。

首先，跟银行合作。“好邦客”创业时只有20万元的启动金，如何用这20万元启动运营呢？他们给银行开出了非常有利的条件：第一，“好邦客”将20万元全部存放在合作银行，作为永久性的风险保证金，“好邦客”不会动用。第二，“好邦客”每吸收一名会员，要缴纳1.5万元的保证金，这笔资金“好邦客”也不会动用。第三，“好邦客”的会员在缴纳保证金的同时，会办理一张该银行的储蓄卡；会员在“好邦客”使用柜员机消费刷卡时，会有银行的两名工作人员监督。另外，银行可以全程监控“好邦客”会员消费款的流动去向，“好邦客”无权动用转入自己账户的资金；这笔资金由银行用作承兑汽车提供商汇票的款项，通常是半年或一年。这样，银行可以实时掌握“好邦客”的运营活动，也可以随时监控资金的流向，大大降低银行风险的同时，还能带来一些收益。因此，银行很乐意成为“好邦客”的合作者。

其次，说服汽车厂商。“好邦客”在开始租赁业务之前，联系了当地的广州本田、上海大众等汽车生产厂。因为有了银行开具的半年到一年的承兑汇票，而且“好邦客”会支付汇票到期前的所有正常贷款利息，各个生产商觉得这是一笔很划算的买卖，因此很爽快地和“好邦客”达成合作协议。

再次，吸引消费者。“好邦客”瞄准数量庞大的工薪阶层，并充分了解到他们对汽车租赁的需要，于是推出“比买车更方便的方式，比租车更便宜的方法”来吸引消费者。他们没有做过多的宣传，只在《长沙晚报》上登了一则广告。但“好邦客”精准的市场眼光，找到了发展机遇，开业当天就吸纳了500多名会员。

最后，整合内部资源。“好邦客”要对整个汽车租赁和托管全权负责，因此，他们必须制定合理完善的管理制度，确保每个环节都按流程进行。从会员办理入会手续，到租车、送车、验车，再到消费者刷卡转账、办理过户手续等环节，“好邦客”对每一笔订单，都会严格按照规定程序进行监督和控制。

通过以上4个步骤，“好邦客”成功在汽车租赁和二手车交易领域，创新出了一套别具一格的商业模式，并因此获得了巨大收益。

不管你是企业老板、中层管理者，还是一个怀揣梦想的创业者，从事商业活动，必然绕不开商业模式这个词。从某一角度来讲，商业竞争已经成为商业模式的竞争。如果你还对商业模式置之不理，是不是已经落伍了？

苹果公司之所以能走在同行前面，与其打破常规的创新精神是分不开的，于是有不少人觉得苹果成功的最大因素就是颠覆观念的创新思维。可是仔细想想，iPod（苹果播放器）初次面市时够颠覆的了，可它深受消费者喜爱是因为炫酷的外观设计吗？虽然它很简约、时尚，但还不至于赢得那么多的关注。其最关键的一点是，消费者可以通过 iPod 下载自己喜欢的音乐。

同样，iPhone（苹果手机）最初的外观设计很多人“吐槽”，可是为什么还有那么多人追捧？因为它强大的功能。通过 iPhone 下载平台，用户可以有权选择20 万款应用软件中的任意一个。获利的不只消费者和苹果公司，如果你是软件开发者，只要花99 美元，就可以为苹果开发软件，还可以放在 App Store（应用商店）上进行销售。

很显然，苹果公司通过创立新的商业模式，成功打开了一条盈利渠道。它并非简单地创新产品，而是深入分析市场，得到消费者的需求点，并在这方面为他们提供独一无二的消费体验，就能成功获得市场青睐。就像苹果，它一直知道自己的目标受众想要什么，那么就尽力满足他们。“果粉”不仅拥有功能强大的设备，更可以享受背后超值的服务，从而产生一种强烈的归属感和优越感，怎么能不持续支持苹果？

为了真正达到市场需求标准，苹果 iPod 的在线音乐、iPhone 的 20 多万款软件，哪一个是苹果靠自己开发的？都不是。所以，关键资源的协调整合也非常重要。另外，苹果除了设计“概念”，它的所有硬件几乎都不是自己生产的，但就是那最核心的“概念”，才是丰厚利润的真正来源。

事实证明，企业要创新商业模式，不能单靠自己努力，你下再大的功夫，也不如找两个各自行业中的强手合作来得容易。如今的行业模式已经成为一种综合体，只有整合各环节的关键因素，才能在竞争中具备优势。

维家谈创富

商业模式决定企业的未来。

从免费模式说起

放眼望去，如今的市场到处都在谈论互联网思维，卖房子、卖车子要互联网思维，就连卖一棵大白菜都要有互联网思维。殊不知，早在好几年前，几个身无分文的人，早就利用互联网思维，一分钱没花，给网民白送了一年的女士睡衣，轻松将7000万元收入囊中。

“免费”已经成为互联网思维诞生出来的一个新商业模式。有人会说：免费应该怎么赚钱？我的回答是：从不免费的地方赚钱。何以见得？来看看下面的例子。

如果你在浏览网页时，偶然发现有人在免费送东西，你会不会觉得很好奇？有这样一个品牌，专做女式睡衣，它只有两款，即齐肩和吊带，有紫色和橙色两种颜色可选，销售188元一件。没兴趣？好吧，那要是免费送货上门呢？是不是有点心动了？

想要可以，我们支持到货付款，不满意也可以退货。可是快递不给我们免邮费，那就麻烦您付23元快递费。如果您试穿过觉得睡衣不错，请您给我们宣传一下口碑即可。很多人这时都会想了，原来188元一件，现在实际只要花23元，而且不满意可以退，真有这样的好事？有些人很动心，但又不太敢相信这样的广告，可是有150多家网站都出现这家公司的广告，越看越觉得不能错过这么好的机会。于是，很多人就成了这家睡衣品牌的消费者。

这家公司总共送了多少件呢？先送1000万件吧。按一件188元计算，1000万件总共是18.8亿元。你这么一想，怎么会有公司愿意白送18.8亿元赚一个口碑？要不是财大气粗，就是赔本赚吆喝。但真有这样的公司，它既不是世界五百强，也没有做赔本的买卖。而且很多消费者留下电话、地址，真的在两个星期之内收到了睡衣，试穿一下发现真的不错，于是很爽快地付了快递费。消费者觉得用23元就能买到188元的睡衣，真是赚到了，何况质量还不错，自觉就向别人宣传出去了。

看到这里，很多人都不明白了，怎么现在还有人做这种赔本赚吆喝的事？是不是真的赔本？我们来仔细计算一下：

要送出1000万件睡衣，首先要看用什么布料做、在哪里做。我们都知道义乌是批发小商品的重镇，那里的小型服装加工厂鳞次栉比，在那里选料加工价格非常便宜，首先加工成本就可以降到很低。你家要10元一件，他家就要8元一件。其次，这家公司做的是夏季款的女士睡衣，而且只有两种常见款式，因此又会剩下很多布料，原料成本也会很少。

那么我们就要问了，一件睡衣能有180元的利润，这不是在赚取暴利吗？我们再进一步分析，很多商场的衣服标价都在百元左右，有些大品牌还会标价几百元甚至上千元。这其中的利润到底有多少？那要看中间有多少人来分。就拿8元钱的睡衣来看，商场卖188元，里面就包括了20%～33%的商场租赁费，营业员的工资、提成占12%左右，还有运输、经销等一系列环节，环节越多，中间商能分到的利润就越少，为了不让自己赔本，中间商都要抬高价格。这样看来，一件成本8元钱的睡衣，卖到188元一点也不奇怪。

如此一来，消费者可是真的占到大便宜了，是不是很开心？

那么快递怎么算？按照国内普通快递公司的标准价格，一件睡衣只要10元钱的快递费，而公司要送1000万件，这么大的量能不能走个“批发价”？而且，夏季款的女士睡衣很轻薄，体积小，只用信封就可以。于是，最终确定快递费5元。

接下来就是广告问题，原本在网上做免费推广是不用花钱的，但网站走的是访问量，想要调动它们的积极性，让睡衣送得更多，就要给网站一点甜头。于是这家公司就承诺，只要送出一件睡衣，公司就付给网站3元钱的提成，你说哪个网站不愿意帮它推广？

最后，我们来统计一下。

公司从每件送出的睡衣那里收取23元，除去8元的制衣成本，再除去5元快递费，再除去3元的广告费。公司可以从一件睡衣上赚7元，不要小看这7元钱，100个人就是700元，一万个人就是70000元。一年只要送出1000万件，就能赚7000万元。

算完了这家公司的利润，我们来看看其他人的收益。为了抢订单，制衣厂家要尽可能压低价格，一件8元的睡衣，他们最多也只能赚到1元；快递公司虽然要送一万件邮件，可收取的费用也降到了5元，利润大概也只有1元；那么网站呢，它们确实没什么成本，利润就算3元好了。结果，中间关键环节都有了，可是他们的利润加起来才5元。

在送睡衣的营销活动中，制衣厂、快递公司、网站，它们算得上是公司的“外包劳工”，可是最后谁挣的利润多？还是这家公司。可他们只是动了动脑子，就赚了7000万元。

那有些较真的人可能要问，还有工作人员的工资呢？没错，但这家公司不是什么世界五百强的大企业，充其量也就是一家地方公司。公司里有总裁、设计总监、销售总监和会计，总共就 4 个人。7000 万元让 4 个人分，这就简单得不要算了。

这就是免费商业模式，人们总结这是经典诠释了“羊毛出在牛身上，猪来埋单”的案例。最早流行的商业模式叫“羊毛出在羊身上”，后来有人动了脑筋，让羊毛出在了牛身上。但这些都是平面化的思维模式。现在的这种全新模式，是一种空间思维，即要实现跨界统筹。因此，别再纠结于羊了，关键是让羊毛出在哪儿，谁来埋单。

我们身边有很多这样的例子，无论是 QQ（一款即时通信软件）还是微信，都是免费的，可还是让马化腾跻身中国首富榜；陌陌也是免费的，可它居然可以在美国上市；嘀嘀打车最初也是免费模式，不仅坐车免费，还让客户边坐车边赚钱；还有免费吃饭、装修、买房子……这些都是全新的思维模式，如果还不赶快跳出传统思维模式的束缚，就真的会被淘汰。

不要忘了“二八法则”，世上所有的新兴事物都是那些 20% 的人发现的，而剩下的 80% 全部是跟风的。这一“创”一“跟”就有了本质上的距离。人穷不怕，就怕智穷，看不到市场变化，跟不上时代节奏，赚钱就只能是一个美好的梦想。

维家谈创富

互联网思维是当前的主流话题，免费是互联网主要的商业模式之一。

颠覆自己还是颠覆别人

这是一个毁灭你，却与你无关的时代；这是一个跨界打劫你，你却无

力反击的时代；这是一个你醒来速度慢，就不用再醒来的时代；这是一个你不颠覆自己，就被别人颠覆的时代。要想成为成功的有缘人，就必须颠覆自己。

时代在发展，互联网时代让每个人都“坐不住”。因为今天世界是这个样子，明天就有可能被全部推翻，变成另外一个样子。“我消灭你与你无关”，可这也不完全是时代的错。就像柯达，它不是被同行业的竞争者挤掉的，而是被时代淘汰掉的。

谁会想到，一部用来通信的手机，有一天也会成为一部照相机。银行也没想到，自己的铁饭碗吃得好好的，突然被横空出世的“余额宝”在18天内就抢走57个亿的存款。中国三大通信巨头（移动、联通和电信）怎么也不会想到，自己有一天会被一个小小的语音消息功能堵得大气不敢喘。不知道他们看着7亿多的微信用户是什么感想。

一张无形的“互联网”，给市场砸下一记响亮的“免费”惊雷，使得众多企业都不淡定了：阿里收购高德、百度收购糯米、腾讯入股大众点评……新时代的商业战场硝烟弥漫，却见不到一点烟尘，胜利的依然挺立，消亡的不见一点痕迹。

正如苹果颠覆诺基亚，华为追过爱立信，特斯拉揭开电动汽车的序幕，支付宝迫使银行进入互联网。人们的生活因为淘宝、腾讯而发生翻天覆地的变化，也给商业带来崭新的诠释。踏上互联网这驾马车，商业和它所处的时代，都经历着前所未有的飞速变化，正如“硅谷精神教父”凯文·凯利所说，我们无法预测未来，因为任何颠覆性的技术都可以产生。

作为曾经颠覆教育的俞敏洪，也曾面临无数人的挑战和颠覆。2013—2014年这段时间，曾有超过40家大小公司提出，要超越新东方、颠覆新东方，甚至有公司声称，3个月内就可以让新东方成为过去，就像我们今天看恐龙一样。然而今天我们还能见到那家公司吗？颠覆说起来容易，但要有真正颠覆性的思维，确实不易。要具备颠覆性思维，最终还是要把自己修炼好。年轻时是最好的修炼时机，因为没有固有思维的束缚，并对世界上的一切都充满好奇。在你“一无所有”的时候，就要有酒神精神，敢想敢做。你觉得一件事情可行，不要瞻前顾后，你去做了就是对自己的突破，就会有新的收获。

俞敏洪在他的演讲中讲到一个故事：当时他和几个商界朋友去草原游玩，当他们行驶在公路上，两旁是开阔的草原和美丽的野花，大家都觉得这儿风景很美，就纷纷下车拍照。俞敏洪看到不远处有一个小山丘，那里视野应该更开阔，于是就走过去，却被一圈铁丝挡住了。当他正要跨过铁丝圈的时候，朋友拉住了他：“你别冒失，这是牧民圈定地界的标记，你过去说不定会被猎枪打死。”

俞敏洪没有被吓怕，反而跨过铁丝圈，登上山顶。大家看他没事，都跟着上了山顶。结果，上面能看到蓝天白云、绿草如茵、满山牛羊，景色极为壮丽。所以，我们很多时候看到的阻碍，不一定就是来阻挡你的，可你自己觉得不行，你就真的无法前进，也就无法看到更美的景色。

这个世界就是这样，如果你不颠覆自己，就与成功无缘，与其坐以待毙等到别人将你颠覆，倒不如自己颠覆自己。宝洁公司前华人第一女高管熊青云在给宝洁团队的信中也写道：“这是一个颠覆的时代，你不颠覆自己，别人就颠覆你。”事实上，宝洁从来自带颠覆者的标签，它存在了180年，创新、颠覆了180年。每一个在宝洁工作的员工，都以自己的工作为豪。但是，工业时代的创新和颠覆不同于今天，互联网时代的到来，要求我们突破所有传统的、常规的思维观念，重新建立经济和社会结构，重新思考商业模式。

由此可见，在这个颠覆的时代，你要想成为成功的有缘人，就必须从颠覆自己开始。

1. 着眼关键问题

无论是企业老板还是管理层，想要实现真正有效的自我颠覆，必须先要搞清楚关键问题出在哪里，对症下药才能治标治本。企业的第一注意力要着眼最突出的问题，是业绩下降、效率降低、技术局限，还是营销手段落后？明白问题出在哪里，再对市场变化进行深入分析，预测行业未来发展趋向，并对问题的改正方向做出明确判断，自我颠覆才有可能。

2. 重整运营模式

要让关键问题得到有效解决，企业老板和管理层要对原有的营运模式进行反思，找出其中存在的缺陷，然后根据实际需要进行调整。必要时可以推翻原有模式，让一切清零，从头考虑整个企业的发展战略，应该研发哪些与之配套的产品，怎样改进生产流程，如何进行销售推广，整个运营链条应该如何建立。有想要颠覆的想法，也要有敢于推翻一切的勇气。

3. 更新操作流程

企业制定新战略，就需要新的营运方案，配合方案进行的一系列操作，当然也要做出修改。如果原有的操作流程可以适应新的营运方式，只要做出适当修改即可。如果是彻底颠覆，就要建立全新的操作规章体系，按新的标准化流程实施。以此才能确保改革真正落到实处。

4. 置之死地而后生

既然企业决定颠覆，就要有背水一战的准备，不但要在内部重新统一思想，更要对客户有效传达品牌有哪些改变和创新。如果企业内部存在反对声音，要么修正，要么放弃这名员工，只要坚定了改革决心，就绝不能存在任何动摇的因素。企业走在颠覆之路上，应该具有破釜沉舟的精神，任何时候都不能给自己妥协、放弃、退缩的余地，如此的颠覆才能彻底。

5. 明确改革计划

企业要颠覆，不能模糊不清、模棱两可，制定明确、清晰的改革规划，不但可以让员工知道未来的工作方向，也可以时时检查和修正企业的发展航向。另外，依据具体的阶段目标，企业可以清楚地掌握改革的进度和效果，为接下来的工作做出参考。

维家谈创富

这是一个颠覆的时代，如果不颠覆自己，就与成功无缘。

创意经济正在走上时代舞台

今天，全球已进入一个新的经济时代，商业世界的游戏规则正在发生革命性的变化。生产规模决定一切的工业经济时代已逐渐走向衰落，高新技术也不再是“万能”的了。拥有一个优秀的创意，也就为企业的发展提供了源源不绝的动力。

先讲两个案例。

案例一：

一般商家促销的最普遍手法就是打折，八折、七折甚至五折，可是顾客能见到打一折的商家，就等于是见到奇迹了。然而打一折的营销策略，确实有它的过人之处。日本东京的银座商城有一家叫“日本 good”的绅士西装店。它们就曾用一折的超强折扣，震撼了东京消费者和众多商家。

这家商店是这样操作的：首先确定打折时间，第一天打九折，第二天打八折，接下来的两个星期内，每两天多打 10% 的折扣，等到了第十五和第十六天，全天打一折。

商家是这样想的：刚开始的几天，只作为预热期，让顾客知道店铺的打折活动。随着时间一天天推进，顾客的好奇心越来越强烈，他们就会选择自己满意的时间和折扣进行购买。但是，到最后两天，虽然折扣很低，但不一定能买到自己喜欢的款式。

而实际的销售情况是这样的：前两天进店的人不是很多，多数都是看看就走。可是到了第三天，就有顾客买商品了，接着到第四天、第五天，买西装的人越来越多。当折扣达到五折以后，人们开始疯狂抢购，结果折扣不到两折时，所有商品全部卖空。

案例二：

日产汽车公司曾面向全国发布了一款限量版中古型轿车，极具浪漫复古情怀的设计，吸引了很多人的关注。这一款轿车只生产两万辆，而且只有这一批，未来再不生产。而且，公司的预定时间有限，在期限内预订的客户，要通过抽签才能购买。听到这一消息的全国民众都沸腾了，最终有 30 多万人预订。能够抽中的人自然很高兴，但没有抽中的人对日产的其他汽车也产生了浓厚的兴趣。

在上面这两个案例中，商家都在营销手段上动了一些脑筋。从第一个案例来看，商家看似是在做赔本的买卖，但实际上，他巧妙地利用了消费者的心理，不等商品打到一折就全部卖空。而第二个案例中的公司，则是用“限量”的手段，充分调动起消费者“物以稀为贵”的心理，以此促成消费。这是一种反向思维。

创意渗透到行业、产业中，并给企业带来经济效益，就形成了“创意经济”。企业的利润不再来自大量资金投入，而是来自个人创造力。把个人在技能、技术、手法上的创新，当作企业发展的不竭动力，不断为企业带来巨大商业效益的活动，就是创意经济的价值所在。这一概念最早出现在英国，多用在建筑、艺术、广告等领域，但随着社会的发展，其内涵必将更加丰富。

在工业时代，创新被当作一种改革手段，在完全理性化的工业思维中，创新充其量就是一种有用的工具。但进入信息时代以后，人们不再喜欢冷冰冰的理性工业，而是更渴望获得一种柔性的心理满足，因此创新就被赋予了生命，其本身就是生命进化的过程，具有直接的目的性。

美国著名商业杂志《福布斯》曾发表文章，针对在全新经济时代背景下的全球企业，进行深入剖析。经过对比企业间差异之处，发现人类已经逐渐从资本主义经济向创意经济过渡。而仍然停留在传统经济和资本主义经济运作环境中的企业，已经开始面临供需断裂、实体经济脱离等一系列问题。与之不同的是，创意经济正是以客户为主体的经济形式。

文章中特别提到海尔集团，并认为它是创意经济的典型代

表。在新经济环境下，海尔着重进行技术创新和改革，逐步降低生产成本，提高生产效率，同时利用新的基础设施系统和社交方式，给顾客带来完全颠覆性的新生活体验。文章还指出，苹果和亚马逊，都是创意经济下的领军企业，但创意不只诞生在美国，中国企业的创新意识同样值得关注。

像海尔、苹果、亚马逊这类以创意产业作为支撑的企业，都有一个明显的特点，那就是特别关注顾客需求。而且它们会根据这一需求，调动创新生态系统，服务于大规模的私人定制。目前，海尔已经步入网络化战略阶段，并逐渐扩大自己在互联网平台上的国际影响力。

《福布斯》的文章进一步说明，在竞争如此激烈的市场环境下，如果企业没有创意产品作为支撑，很难进入市场，更不要说在市场中占据一席之地了。

所以，企业老板一定要明白，市场只会青睐于有创意的产品，再不会对毫无特点和个性的产品埋单。要想获得市场，就是要产出消费者想买却买不到的产品，你做了这个产品，市场就是你的。当同类产品开始丰富起来，要让广告吸引消费者；当同类产品开始饱和，创意就是其唯一的出路。

维家谈创富

创意经济时代，你的金点子越值钱，你的企业就越有前途。

最优秀的模式往往最简单

商业模式就是企业的战略。如果你把你的战略讲给别人听而别人听不懂的话，那一定不是一个好的战略。一个商业模式，如果你自己都没有办法来说服你的投资者、你的员工去接受的话，那一定不是一个成功的商业模式。

中国的很多父母都相信“艺多不压身”，只有让孩子“赢在起跑线上”，将来才有出众的未来。小明的父母就是这样想的。因此，小明从刚上小学时，就开始学习书法、绘画、舞蹈、乐器，除了在学校学英语，父母还给他报了一个韩语班，万一将来没法留学美国，到韩国也不错。不仅如此，小明每门功课都是全校前十名，而且一直保持到高中。到了大学，他一气拿下了两个学士学位，接着成功拿到硕士、博士学位。周围的人都称他为“学霸”。

小明有个邻居小王，从小在宽松的家庭环境中长大，父母从来不要求他次次考第一，从小学到高中一直保持在中等水平。小王的父母觉得，只要精通一样技术，走到哪里都能发挥自己的价值，就足够了。因此，小王在初中时爱上了电子游戏，进而迷上了软件编程。考大学时，他选择了计算机相关专业，并在大四进入一家游戏公司实习，毕业后直接留在公司工作。

当小明36岁拿到博士学位时，小王还是只有本科文凭，他比小明多的也就是12年的工作经验。在很多人看来，小明的前途要比小王好太多。可是令谁也没有想到的是，5 年后小明到一家软件公司应聘，最后才得知这家公司的老板，竟然就是隔壁家的小王。

原来，小明因为有众多技能、证书傍身，对工作单位要求也非常高。但是很多大公司都需要至少 2 年的工作经验，因此小明总是高不成低不就，跳槽好几家公司，都没有稳定下来。而恰恰是在这 5 年中，小王辗转 3 家不同等级的公司，积累了技术、市场经验，同时建立了自己的人脉圈子，于是开起了自己的公司。后来因为小王精准的目光，迅速把握市场脉搏，在短短 5 年内就将公司资产增加到数千万元。因为在所有小明中意的公司里，小王的公司给出了最高的薪水，小明只好选择留下。

很多人都把成功看得太复杂，化繁为简是一种智慧，也是一件很容易让人忽视的事。人生如此，管理亦如此。比如微软、英特尔这样的全球性大公司，处理着全球几十个国家的业务，而内部的管理却十分简单。所以，把复杂的事情做简单，本身就是一件不简单的事，你做成了，就能成功。

如今，随着商业模式变革大潮的来临，企业的战略主导着企业的命脉。此时，如果你建立了一个复杂的商业模式，你把你的战略讲给别人听而别人听不懂的话，那么你的模式就不能称之为一个好的商业模式。这种别人听不懂的复杂的商业模式，既没有办法来说服你的投资者，也没有办法说服你的员工去接受，长此以往，等待你的就只有失败；相反，将你的战略模式简单化，让大家一听即可明了，未尝不是一件好事。

古希腊寓言说，狐狸不会比刺猬更聪明。我们都知道，狐狸行动敏捷、嗅觉灵敏，而且还非常聪明。反观刺猬呆头呆脑，行动迟缓，遇到危险只会缩起来。狐狸也不相信自己会对付不了一只刺猬，于是用各种不重样的招数来对付刺猬。生活在同一区域的其他动物都认为，狐狸迟早要把刺猬吃掉。可是，过了很多年，刺猬每天还是那个时间觅食、休息、睡觉，依然无忧无虑。

有一天，狐狸想趁刺猬不注意的时候，从背后偷袭它。于是狐狸在刺猬吃东西的时候，悄悄绕到刺猬的身后。正在狐狸准备发起致命一击时，刺猬突然蜷缩了起来，用一团圆滚滚的刺面对狐狸。狐狸无奈，每次刺猬只会使这一招，可偏偏它对这些尖利的刺毫无办法，于是狐狸只得作罢。

世人都觉得狐狸聪明，可是每次胜利的都是刺猬。

根据这个寓言，现代著名思想家以赛亚·伯林把它应用到人类社会，并提出人类其实也可以分成两个类型：一种人像狐狸，聪明而博学，有很多可以轻易追求的目标，但没有一个是最精通的；另一种人像刺猬，目标简单，日积月累，精于运用一套特殊本领，无往不利。

因此，企业也可以借鉴刺猬的生存方式，简单地制定明确的战略模式，不要在意花式创意，只要简单直接就好，不要受一些复杂的不必要因素牵制。容易操作的任务，才能更好地贯彻实施。很多企业制定了很宏观的战略，但实践起来处处受阻，甚至无疾而终，太复杂就是根本原因。而且，战略太过复杂，也会给评估带来不小的难度。只有简单的战略，才能让“制定—执行—评估”进行有效循环。

维家谈创富

你能不能6秒钟说清楚你的商业模式？

“分享经济”与“循环经济”的优势

随着社会的进步、时代的发展，人们越来越懂得分享。我国的经济也悄然跃进一个“分享”“循环”的阶段。人们将自己闲置的资源拿出来，供那些需要的人有偿使用，或者将企业的生产和消费纳入一个体系之中，从而实现了多方面的共赢！

目前，“途家”走的就是“分享经济”的商业模式：业主在一处热门旅游区置业，每年可以住上几个月，剩下的事情托管给“途家”。“途家”把这些房子租赁给个人、家庭或商业团体，做家庭旅馆、度假别墅、商业据点，都是不错的选择。

很多家庭游客和公司项目小组，都是“途家”的主要顾客。近些年，年轻人也逐渐加入进来，成为“途家”的顾客。有一次，“途家”的CEO罗军到青岛做工作检查，发现有几个女生一起入住。询问过经理后得知，这几个大学生因为学校住宿条件不好，所以周末就到“途家”聚会，在一起交流学习心得，一起休闲娱乐一下，周一再回学校。

看到这一种现象，罗军深刻体会到：旅店的意义远不像以前那样，只是旅行的一个落脚点，它已经成为人们进行情感交流，分享旅途经历和人生快乐的地方。因此，他认为“途家”应该把握好机会，赶上“分享经济”的大潮。于是，罗军集合“途家”团队，对市场进行摸底调查，将消费者反馈回来的数据进行深入分析，并参考一些类似的商业模式，制定了一套符合“途家”的定制化发展战略。经过不断实践，最终形成了成熟的、可复制的新型商业模式。

“途家”经过和当地政府、房地产开发商进行合作，获得了多层次、有价值的房源；依照工薪阶层的市场需求，扩大了价格适中、品类多样的旅行服务项目；通过和斯维登共同协作，为顾客和业主提供全方位、高品质的管家式服务体验。

针对顾客需求，“途家”积极对接下游旅游产品，为顾客提供一体式的自助旅行方案。例如，针对喜欢到长三角地区旅游的顾客，提供“1000元江浙沪任意住”的旅游套餐产品。“途家”一直把自己的经营重心放在酒店公寓上，他们通过与携程、易到、国航等旅游、运输公司合作，共同建立一个大型的生态系统。

此外，“途家”还为业主准备了房屋居住置换的服务，业主之间也可以相互短居租用，只要支付房屋租金差价即可。

“途家”对上游房源的把控非常好，他们不仅和国内各大房地产商进行合作，还成功开拓了地方政府这条渠道，也给地方政府带来新思路。广东省政府曾以开放的眼光，看准了“途家”的市场价值，拿出全省境内的景点附近房源，跟“途家”合作，结果获得了非常令人惊喜的效果。如今，“途家”已经和24个省市的地方政府形成合作关系，在补充房源的同时，也促进了当地的旅游开发。

“途家”的足迹遍布大江南北：从漠河到三亚，从香格里拉到烟台，东南西北各个方向，只要你能走到的地方，就有“途家”。“途家”目标在未来几年，拥有全国最多的房源，为消费者提供更舒适、便捷的居住服务。

“途家”的成功，正是拜“分享经济”所赐。这是一个全民分享的时代，从微信朋友圈开始，到如今的家庭旅店，物质、技术、时间都可以拿出来与人分享。和传统经济相比，人们不再那么热衷于“自私地占有”，而是更多地选择开放和交流。“分享经济”带给我们的，将是更环保、更和谐的社会环境。

“分享经济”，正在携带新鲜因子，颠覆着我们的消费观，启发着更多商业模式的诞生。

在美国，Uber（优步）和 Airbnb（空中食宿），分别向我们展示了代步服务和旅游租房服务领域对共享模式的应用。目前，Uber 以超过 500 亿美元的估值，成为全球非上市公司中的 No. 1（第一名）。而 Airbnb 拥有的房源也遍布世界各个角落，甚至连国际酒店巨头——希尔顿都难以匹敌。

在我国，滴滴、快的和神舟租车是代步服务领域的先行者，而在旅游短租领域，木鸟短租等也投身到“分享经济”的潮流中。

无论是美国企业，还是中国品牌，这些走在时代前端的“弄潮儿”，都呈现出惊人的发展态势，成功占领互联网行业的领先位置。与此同时，由他们引发的分享模式创业浪潮，其扩张速度迅猛，在很多细分市场和专业领域，都取得了不错的效果。

市场为何对“分享经济”如此追捧？关键还在于人们生活态度的转变。比如现在越来越多的人喜欢拼车，一来可以节约成本，二来可以缓解交通压力，让每个人出行都更方便。另外，减缓道路压力，对市政交通管制也是一种解放。而且通过互联网商业运作，平台、车主、客户、社会管理部门都可以从中获利，这是一个多赢的局面。如果这一模式普及起来，还会给相关的保险业、服务业等领域的机构带来好处。另有可靠数据显示，德国不来梅市通过采用“汽车分享”这一模式，每年能少排放1600吨二氧化碳。

“分享经济”模式的优势在于，它可以最大限度地利用社会存量资源，为客户提供产品和服务，这是传统的资本主义经济无法比拟的优点。在未来，“分享经济”还会逐渐深入物流、教育、广告等多个领域。如今看来还是颠覆人们观念的商业模式，将来就有可能成为主流的商业模式。

“分享经济”并不是单一的新兴商业模式，与它共同发展的还有“循环经济”。

所谓“循环经济”，即循环利用资源，实现物质再生、再利用的经济发展模式。这种模式的本质，就是资源的回收再利用。通过减少资源使用量、资源的重复利用，和废旧产品的资源化再循环，实现低消耗、低排放、高效率的生产。

显而易见，“循环经济”比传统经济更节能、环保。通过对能源利用率的提高和资源的重复循环使用，最大限度地减少排放、节约资源，实现经济发展和环境保护的“共赢”发展。值得特别关注的是，“循环经济”可以融合不同层次的消费和生产，使之形成一个可持续发展的有机生态框架。而传统经济消耗大、浪费严重的生产方式，将彻底被颠覆，一切将消费割裂开来的物质生产模式，都将被淘汰。

维家谈创富

大家好才是真的好，实现共赢才是真的成功。

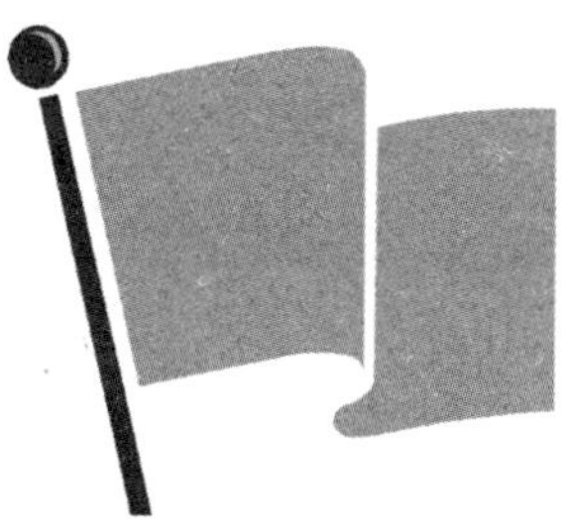

兵法十

抱团借力，共铸财富支点

你想赚钱，先让别人赚钱

著名作家郭敬明说：“一块 10 元蛋糕，你分 8 我分 2 没有意义，把蛋糕做到 100，就算我拿 10% 也比前者有意义。”由此可见，任何时候我们不能太过于自私，一心只想自己赚钱，把所有的利润都牢牢地攥在自己的手里，不给合作者一分一毫的利润。长此以往，谁还愿意与你合作。即使有赚钱的机会，想必大家也不再找你了。

有这样一个小故事：

从前有个乞丐，从出生到成人，一直都以乞讨为生。可是他也想过好生活，于是每次乞讨来吃的，就省下一部分攒起来。可是他攒了很多年，还是只有那一点吃的。后来有个江湖术士告诉他，他的命里只有八分米。乞丐想不明白，可是这个问题一直困扰着他，于是乞丐就决定到西天去问问佛祖。

第二天一大早，乞丐就离开他生长的地方，向西而行。一路上他都没有看见一个人，直到天黑才遇到一家农户，农夫见他疲惫不堪，就收留了他。乞丐说自己要去西天找佛祖。农夫告诉乞丐，自己的女儿都 10 岁了，还是不会开口说话，很多大夫都说不出原因，问乞丐可不可以顺便帮他问一问。乞丐答应下来，并从农夫那里获得了一些干粮和盘缠。第二天清晨，乞丐就上路了。

乞丐翻越一座山时，经过一座庙，于是他到庙里讨水喝。寺庙里的老和尚给乞丐一碗水，并给他装了几个馒头。乞丐说他要去西天找佛祖，老和尚赶忙拉住他，要他到西天帮自己问问，什么时候可以升仙？他在这座山上修行了500年，应该早就修得正果了，为什么现在还在这里？乞丐答应了老和尚的请求，喝饱了水就上路了。

又走了很远的路，乞丐走到一条大河边上，从河这头望不见那头，可是四下里连一条船都没有。乞丐心里很是着急，如果他停在这里，就永远都见不到佛祖了。正在乞丐一筹莫展的时候，一头老乌龟从水里爬了出来，得知乞丐要到河对岸找佛祖，它开口说道："我可以驮你过去，你要是找到佛祖，帮我问问，我在这里修行了1000多年，为什么还是没有升仙？"乞丐应承下来，坐在老乌龟身上过了河。

乞丐不知又走了多少天，最后终于见到了佛祖。但是佛祖告诉他，只能问3个问题，乞丐想了想，最终还是放弃了自己的问题……

其实这不只是一个故事，也许许多人会明白脚下的路该怎样走，就让也许回答每个人。留给我们的思考是什么呢？一个人不能太自私，时刻都将自己的利益放在第一位，这样的人，早晚都会被抛弃。

做人如此，做事业如此，赚钱更是如此。一个人，如果只是着眼于自己的那点蝇头小利，不懂得先让别人赚到钱，自己才能赚到钱这个道理，就永远不会拥有大的财富。

有些人对待郭敬明当导演这件事颇有微词，觉得他就是在"圈钱"。但他在接受采访时说，他的小说能有那么多人喜欢，他拍电影也有众多粉丝支持，根本在于他的合作原则。郭敬明与人合作，会给对方带来更多利益，当对方赚得多了，自己自然也能多赚。很多人只看到结果，却没注意到别人的努力。

市场就是这样一个良性循环的环境，你在做事业中，处处为他人着想，在自己赚钱的同时也给别人提供了赚钱的机会，你才有可能获得更大的财富。

蔡文川出生于广东揭阳一个贫穷的家庭里，该上高中时因为家里实在没钱供他念书，于是被迫辍学。年轻时的蔡文川给别人家种过菜，在市场上卖过汽水，但无论做什么，他都要求自己做得比别人好。每天，其他人工作七八个小时，蔡文川都要比别人多工作四个多小时。每天晚上，蔡文川躺在床上想的都是明天的事。

蔡文川用打工赚来的1000多元钱，开始了自己的创业之路。他看准文具市场，批发了一批圆珠笔和手电筒，把它们分销给各个零售商。开始没有人愿意跟一个毛头小子做生意，所以一天下来，没推销出几个手电筒和圆珠笔。但蔡文川没有放弃，他背着大包，挨家挨户地推销自己的商品，无论遇到任何困难，都在心里反复告诉自己：只要坚持就能看到希望！

蔡文川进货有一个与众不同的原则，那就是永远不和供应商讨价还价。老板出价多少，蔡文川就给多少。很多人都觉得他傻，别人拼命降低进货成本，他却老老实实让人宰。但在蔡文川看来，供应商也是做买卖的，你不能总想着自己赚钱，总要让人家也赚到。蔡文川的经商理念就是，你对别人尊重，对方也会尊重你，大家互相信任、尊重，大家一起赚钱，何乐而不为？

正是蔡文川的这份诚信，赢得了很多供应商老板的信任，他们渐渐喜欢上了这个腿脚勤快、为人老实的小伙子。甚至有的老板不收他的定金，而是等他赚了钱再补货款。蔡文川的资金像滚雪球一样越来越多，渐渐地，生意越做越大，最后还建立了自己的公司。

很明显，蔡文川之所以能够赚到钱，很大一部分原因是他能让别人赚到钱，正是因为他懂得这个简单的道理，才收获了创业路上的第一桶金，才为以后的财富打下了基础。

道理很简单，就像一个营销策划人员一样，只有你的策划为客户带来了经济效益，你才能够获得高薪。然而，在现实中，人们对于道理都懂，但是能做到的却少之又少。

维家谈创富

与其想着分蛋糕，不如把蛋糕做大；与其想着自己赚钱，不如想着先让别人赚钱。

不能统一思想，但可统一目标

千万不要相信你能统一人的思想，因为那是不可能的。至少有三分之一的人，是永远不可能相信你的。同样，你也不要让你的同事为你干活，而让他们为“我们的共同目标”干活，团结在一个共同的目标下，要比团结在一个人周围容易得多。

一个健康的企业，应该允许存在不同意见；一个积极的团队，也应该

不扼杀个人思想。老板想要让自己的团队更机动灵活、充满朝气，就要在明确统一目标的前提下，充分发挥每个成员的长处。一个团队的建立不是毫无理由的，它的根本任务就是推动企业运作。因此，要让每个团队成员明确企业目标，根据各自的专项优势，使团队发挥最佳作用。

企业老板想要让团队效率更高，就要放弃统一成员思想的想法，因为他们有团队整体的目标就足够了。团队管理的第一步，就是为团队设立一个目标，让成员知道他们要往哪个方向做；第二步，就要让团队成员对目标达成一致，当所有成员都认同团队目标后，他们就会使出浑身解数去实现它。

香港赛马会和很多赛马机构不同，它是非营利性质的，可以说是香港最大的慈善机构，当然它也为香港政府带来了最多的税金。这个机构有一个宏大的目标，就是为参与者提供世界高水平的赛马和博彩项目，并稳坐“香港最大慈善机构”的位子。对此，香港赛马会把服务所有市民、赛马观众、投注人士、社会公益团体和香港政府，作为自己的使命，全力成为香港标志性机构。

赛马会将全部收入的2%用于慈善事业，3%用作管理运营，14%作为税款上缴政府，剩下的81%全部返还给彩民。香港赛马会不只支持慈善事业，它对公共事业的贡献也不容忽视：赛马会历年对香港高等教育的捐款总额已经超过51亿港元。另外，它还投资兴建了和赛马相关的历史博物馆，从而向普通民众普及知识、推广宣传。

据机构管理人员透露，赛马会的全部雇员总共有4000多人，每到赛马日，会场都会接到100万~200万个投注电话，需要准备4000多部电话。香港总人口不到700万，观看赛马的观众就超过100万人。很多人都愿意到现场观看比赛，因为除了清晰的高科技设备，观众还能享受到集购物、餐饮和娱乐为一体的高品质服务。

观看和投注的民众如此之多，香港赛马会既能为他们提供优质服务，又能协调整合好各方面的利益关系，达到服务民众、服务社会的目标，关键在于行之有效的运作制度。赛马会的重大决策，全部由机构董事局全权负责，而日常运营、会务则由专门负责行政的部门管理。另外，赛马会对外承诺是非营利性的慈善机构，即使输了钱，也是对社会的回馈。由此可见，一个优秀的团队首先要有一个大家一致认同的目标，所有人才能围绕这个目标奋勇前进。

其实，要判断你是不是在带领一个团队，一个最明显的标志就是：他们有没有统一的、明确的目标，这个目标必须要所有人共同努力才能实现？如果你能肯定是这样没错，那么毫无疑问，这就是一个团队。团队与一般的工作组最大的区别，就是一个团队有全体成员共同奋斗的目标。

目标就是团队的指路明灯，一个没有目标或目标不明确的团队，你花再多的时间和精力去管理，也不会获得任何成效。很显然，你的团队成员都不知道该往哪里走，就像一群被蒙上眼睛的人，要如何实现企业发展的宏伟蓝图？我们就看看一个好的目标都有什么特点。

1. 指向明确

所谓明确，不仅是要确定一个最主要的目标，还要用谁都明白的语言，把它要求的行为标准都说清楚。模棱两可的目标，会让团队成员产生不同的理解，从而不能保证目标执行的准确性。很多运作失败的团队，就

是因为成员对目标理解有分歧，最终导致目标没法实现。

比如，老板给销售团队提出的工作目标是“为顾客提供更好的服务”。这种目标太空泛，到底什么是“更好的服务”？怎么做才能算是“提供更好的服务”？这就导致员工不明所以、不知所措。老板可以这样定目标：下一个季度要做到客户零投诉，客户满意度要达到90%等；再结合目标，制定相关的操作流程规范，员工就可以更好地实现目标。

2. 可量化

团队目标和个人理想的最大区别就是：个人理想可以是个大概轮廓，而团队目标必须可以用数据衡量，也就是说，目标必须是可量化的数据指标。这样做有两个好处：第一，在实践执行的过程中，员工可以时时根据量化指标，检查自己的工作进度，调整工作效率；第二，在对目标进行考核时，也可以参照量化指标，迅速而明确地找出问题，不至于毫无依据。

一个无法被数据衡量的目标，是一个没法检测的目标，就等于是一个无效的目标。如果你问下属“我们离实现目标还有多远”，下属却告诉你“我们早实现了”。可是用什么来证明他们实现了呢？没有数据和指标，就没有参照，大家辛勤工作了半天，到头来还是白忙活一场。

3. 接受度高

做老板的，心中都有一个宏伟的蓝图：让企业成为中国五百强、世界五百强……但是你要知道，真正去实现这一宏伟目标的，更多的是希望养家糊口、丰衣足食的普通员工。你可以把它当作美好的愿景、最终的目标，但先解决现阶段的发展问题才是关键。因此，不要把自己的愿望强加于所有员工，这样只会增加他们的反抗心理；如果你给的目标他们实现不了，反而会把责任推给你，认为是你决策失误。

首先，老板要结合企业发展现状，制定一个既有一定高度，又可以通过努力实现的目标；其次，要选择合适的沟通方式，把自己的愿望和要求传达下去，要以获得普遍认同为准。在这一过程中，如果出现明显的不同意见，不要用行政权威去压制，要倾听不同声音再做深入的讨论，直到达成共识。如此一来，团队才能获得一个有效的共同目标。

4. 具有可操作性

具有可操作性是非常重要的衡量标准，如果目标不能在现实条件下实现，这就是一个错误的目标。当然，企业可以按照可操作的难度系数考量目标，适当的挑战也有助于激发员工的潜力。我们强调的是，目标不能是理想化的、空泛的，它应该是实际的、可实现的。

5. 时限明确

这一点就是说，要给目标设置阶段性的考核时限。没有明确的时间限制，团队成员就无法对目标的重要性进行区分，结果容易导致上司很着急，下面却完全搞不清楚状况。这样不但耽误事情，还会造成不必要的摩擦。另外没有明确的时间限制，公司也无法进行公平合理的考核，降低目标的推进速度。

维家谈创富

目标是团队的前提，没有目标就称不上团队，因为先有了目标才会有团队。

突破创业与创新的瓶颈

中国企业重复走着“一年发家，两年发财，三年倒闭”之路，能做强做大的企业寥寥无几。其最大的原因就是遭遇到创业瓶颈，无法换一个角度、换一种思维去度过。

如今，越来越多的有志青年都加入创业的大军中来，可以说，在中国已经形成了强劲的“创业风”。但是，创业人数虽多，成功的却很少，能够做到企业家的更是寥寥无几。

1. 企业会遇到发展瓶颈的原因

据统计，我国中小企业平均寿命仅为2.5年。大多数企业的生存危机，都会在瓶颈期出现，而且对企业的生存威胁越来越严重。总结起来，企业会遇到瓶颈主要有以下几个原因：

一是只管眼前利益，不顾长远发展。有很多中小企业老板，都是白手起家的生意人，一般做的都是家族生意，有一些则是和朋友一起合伙。这类企业谁说了算，谁就有制定经营目标的权力，而这个目标通常都会以短期利益为主。但是，当企业发展出一定规模，决策者就很难把眼光放长远，习惯性地只考虑当下能多赚钱，至于以后的事以后再说。所以我们称这种人为“生意人”，他们算不上是“企业家”，因为他们的想法完全不在“经营企业”上。另外一些人，当看到企业赚了一些钱，获得了一定的市场地位，就开始安于现状，不仅失去了奋斗的热情，还放弃了察觉和分析市场，希望通过原有的产品持续吸引同一批客户，这是非常危险的想法。

在如今这个瞬息变化的市场环境下，瞪大眼睛关注都有可能落居人后，更何况“两耳不闻窗外事”？

二是管理跟不上扩张速度。企业在刚刚建立时，员工数量不会很多，相对地也比较容易管理。老板只要把重心放在如何让企业盈利上即可，但随着企业的发展，如果放任内部管理松懈，就会酿成大祸。我们看到有些企业，对部门和职位没有明确的制定，人员安排也是随机考虑，完全是因人而设。如果企业发展速度短时间内出现增长，内部的人员配置就会跟不上业务发展速度，这样就容易出现管理混乱。为了避免这种现象的发生，企业老板要重新考虑企业组织构架，有规划、有目的地设置部门和职位，明确其职责范围，并给企业未来发展所需增设的部门和职位留出空间。对于下一阶段不需要的部分，要及时撤除，保证人力资源充分、合理的利用。

三是急于求成，盲目扩张。很多中小企业的老板都有这样的毛病，就是在经营主要业务的同时，还希望从其他地方多赚一些，结果往往顾此失彼。其实，对于中小企业来讲，能够在一个行业中赢得一片属于自己的空间，已经非常不容易了，更难的是要守住这一空间。企业想要在行业中站稳脚跟，就要具备敏锐的观察能力，学会判断和抓住时机，培养持续发展的能力。而不是急于扩张，在资本和经验都不足的情况下，盲目展开其他业务。这样做的企业，往往死得很快。

四是对下属一百个不放心。企业成立初期，事事都要老板亲自处理，当企业逐渐成长壮大，有些老板还是不肯放手，大小事务亲力亲为。这样容易让自己陷入具体事务，而对企业管理分身乏术的老板，会让企业因为没有统一的目标和规范，变得盲目而混乱。到了企业稳定发展阶段，老板的任务就是整合资源，做出最正确的战略决策，制订最优化的管理方案，剩下的事情，交给部门经理去做。但是现实中，很多老板都不太敢给下属

授权，怕他们做不好、靠不住。结果部门经理遇到大事小事都要汇报请示，这不又成了老板在做事？其实，老板对于能力过硬、值得信任的骨干员工，应该充分授权，这样不但可以提升工作效率，也可以激励员工，认识到自己的价值，从而更好地为企业创造价值。

五是过分计较成本。中小企业因为规模小，资金受到一定限制，注重控制成本无可厚非。但因为过分强调成本，而导致产品质量下降、流程简化、管理松散，就会把企业引向了歧途。身为企业老板，要创造更多收益，可以节约一些不必要的成本，但千万不可斤斤计较，否则对企业长远发展没有任何好处。有些老板，为了节省成本，对员工非常苛刻，甚至要一个员工做两个人的工作。这样不仅会造成员工产生对立情绪，还会影响工作积极性，降低生产效率。另外一些老板，则想方设法占供应商的便宜，给上下游的合作伙伴留下很差的口碑，最终导致失去更多好机会。

以上几种发展瓶颈，是很多中小企业容易遇到的。出现这样的情况很正常，但企业的成败，全在老板和管理层能否直视这些问题，找到避免、解决的方法。这些瓶颈往往是企业发展的转折点，突破这些瓶颈，是企业做大做强的必经之路。

2. 度过创业、创新瓶颈需要的十种思维方式

当创业遭遇到瓶颈，无须气馁，无须放弃，只要企业领导者坚持以下十种思维，就能安然度过创业、企业创新的瓶颈。

一是上帝思维。不管你信不信，上帝说了，凡是心中有爱的人，处处都是天堂。不要把目光都放在自己身上，把利益分享给别人，别人也会给你同样的回报。

二是司马光思维。陈旧的理念是用来打破，固有的思维也是需要突破，才能焕发生机的。创新时代不怕你敢做，就怕你不敢想。

三是孙子思维。《孙子兵法》中曰："知己知彼，百战不殆。"商场如战场，除了自己当然就是对手。想要战胜对手，就要清楚自己的优势和缺陷，了解对手的强项和弱点。

四是拿破仑思维。拿破仑行事有自己的主见，他不会被其他人的意见左右。因此，具备拿破仑思维，就要坚持自己的立场，不被外界的任何质疑和评论所干扰。专心做自己，才能成就非凡。

五是亚历山大思维。亚历山大是王者的典范，他有一种霸气、先进的思想。他认为凡成大事者，就不能墨守成规地做事，勇于突破的人才能成就一番事业。

六是哥伦布思维。哥伦布面对一件事，可不会左思右想，该干还是不该干？既然想了，那就干吧！有想法就勇敢实践，不试试怎么知道你不是下一个世界首富？

七是拉哥尼亚思维。拥有拉哥尼亚思维的人，可以用最简练的叙述，把自己的意思表达清楚。所谓最"简单的才是最丰富的"，最简练的东西，才更有发展的空间，才有更多可能。

八是奥卡姆思维。学会奥卡姆思维模式，就可以透过纷繁复杂的表面现象，直接认识到问题的本质。从而避免被一些无关紧要的细枝末节影响。

九是费米思维。运用费米思维，把所有复杂的问题简单化，找到问题最根本的规律和内在联系，才是解决问题最经济、最有效率的方法。这种方法既省时又准确，比你在复杂的表面找头绪要有效得多。

十是洛克菲勒思维。按照洛克菲勒的思维模式，就要主动出击，抢占先机。用最快的速度、最小的代价，实现企业利益的最大化。

维家谈创富

安然度过创业与创新瓶颈，之后才能迅速成长。

让天下没有难做的生意

这是个长相有些奇特的人。美国《福布斯》杂志这样形容他："颧骨深凹，头发扭曲，露齿欢笑，顽童模样，5 英尺高 100 磅重。"他自己也往往用"男人的智慧和身高成反比"作为开场白以吸引在场者的关注。他就是马云。

"让天下没有难做的生意"，这是马云在十多年前就给自己定下的一个目标，也给阿里巴巴确定了生存的理由。今天，无论是在繁华都市，还是乡镇农村，处处都有电子商务带来的改变。我们只要动一动手里的鼠标，浏览几个网页，就能快速、便利地拥有我们想要的产品和服务。

在这个时代，马云和他的阿里巴巴就是一个传奇。市面上有人说他是疯子，有人说他是智者，也有人说他是网络狂人，有人说他激情四溢，更多人认为他惯于"忽悠"，当然还有人称他为"互联网教父"，比尔·盖茨甚至宣称"亚洲的马云是下一个比尔·盖茨"……而对这一切，马云自己则认为只是运气不错而已。

下面，我们就来看看这个运气不错的男人，是怎么书写出"让天下没有难做的生意"的商业篇章的?

1. 做自己喜欢的，不管别人怎么说

不是谁都能考上清华北大，也不是谁都能经历 3 年高考，更没有多少人高考数学成绩能拿 1 分。然而马云就是这样一个"奇葩"。马云数学不好大家都知道，但他的英语可是比很多人都强的，这要感谢他当初的选择

和6年半的英语教学经验。马云曾说很庆幸自己当时选择了学英语，因为他以后的人生转折就是靠英语促成的。

马云在做英语老师这段时间里，成立了一家外文翻译社，课余时间就和一些外贸单位联系，帮他们做翻译工作。后来马老师在杭州出了名，被称为“杭州最棒的英语老师”，还因此受到浙江省交通厅委托，让他去美国催债。这次任务完成得不好，债没要回来，却给马云带来了命运转折的契机。

2. 不怕理想远大，只要相信自己可以

马云对自己像数学一样糟糕的外表并不是很嫌弃，因为有更重要的事情吸引着他。

1999年，那是一个春天，马云创立阿里巴巴之时，就向18名员工宣布自己的理想：建立一个最大的电子商务公司，并使之成为全球顶尖的网站之一。与此同时，他坚定地告诉员工，我们要达成的目标是持续发展80年，让每一个商人都能用到阿里巴巴。

马云把这一过程比作盖楼房，今天铺管线，明天安马桶……开始时一定会有一大堆乱七八糟的事情需要处理，一些方案或许需要经常修改。也许现在看到的只是一个想象中的效果图，但阿里巴巴未来的商业版图都已经打好地基，等到2009年左右，就可以清晰地看到一个阿里巴巴的雏形。当时很多员工都将信将疑，但马云始终坚持自己的理想，并坚信可以实现它。

3. 找好偶像拼命追赶

创业要成功，先要找好榜样，做好标杆，才不会迷失方向。2005年，马云在阿里巴巴的网商大会上，当面称雅虎创始人杨致远为“偶像”。他

的这个偶像确实了得，没有杨致远，马云不会有今天的成就。

1995年，马云在美国像小学生进了大学堂一般，第一次切实感受到了互联网的魅力，而给他上第一堂课的就是雅虎。这就是马云和“偶像”的相遇，从此他成了杨致远的“铁粉”。

4. 精神胜利靠口才

相信很多看过马云演讲的人，都会被他的好口才所深深折服。他的演讲内容总结起来，都可以出一本《马云语录》了。马云不仅有独到的见解，还很善于把这些想法传达给他的听众。阿里巴巴之所以能吸引一批又一批的人才加入，马云起了很大的作用，这不只是在说他的领导能力，更多时候是因为他的“洗脑”功力。很多媒体甚至认为，这是马云式的“精神控制法”。

马云精神的胜利，在于他用自己的口才，能让上千名员工形成一体，而这些人都是普普通通的员工，但就是这些“蚂蚁雄兵”，给阿里巴巴提供了强大的支撑力。直到阿里巴巴准备上市，马云才引进了一批含金量很高的职业经理人。

5. 立志“让天下没有难做的生意”

“让天下没有难做的生意”，这是马云也是阿里巴巴一直以来的生存信条。

马云告诉手下的员工，面对客户，不要想着怎么把他口袋里的5元钱拿到你手里，而是要帮助客户，把他的5元钱变成50元，然后你再拿走5元钱。为什么要这样做？因为你拿走了客户的钱，这单生意就完了，你还得去找新客户，这不等于是骗钱嘛！如果所有客户都没钱了，阿里巴巴也没得赚了。

这就是马云的经商之道。很多人都羡慕马云社交圈之广、朋友之多，固然有个人魅力的因素，但在尔虞我诈的商场之上，马云从来不把竞争对手当敌人，大家都是一起赚钱的朋友。因此，马云走到哪里都有朋友。

6. 倒立想事情，就会更聪明

很多人跟不上马云的思维，也不理解他为什么能有那么独特的想法。提及此问题，马云给出的答案让人很意外：倒立想事情，你就会变得聪明。其实不难理解，所谓的“倒立”其实就是站在对方角度考虑问题，充分认识到对手和自己的优劣，然后“以己之长，攻其之短”。倒立思维的另一个好处就是，你不按常理出牌，对方就猜不透你，创造一个“人在明我在暗”的有利形势。

7. 办公室里无政事

阿里巴巴从来不搞“办公室政治”，马云对这一现象深恶痛绝，如果有人违背，只能离开公司，没有丝毫回旋的余地。因为阿里巴巴是有原则、有理想的企业，它有统一的目标、共同的愿景，因此不允许任何其他因素干扰团队前行。马云相信，一个没有私心杂念的团队，纵然平凡也能创造惊人的奇迹。

8. 武术思维培养商业心态

马云儿时就是一个“铁杆”武侠迷，总喜欢舞枪弄棒耍两下子，长大后更是对武侠小说情有独钟。他在谈到中国企业时，把它们的发展过程比作武术进阶的过程：从少林小子到太极宗师。

马云认为：刚刚起步的企业，就像刚进少林学武的毛头小子，多少会那么几个招式；慢慢地经过潜心修炼，最后成为太极宗师级的企业，大师

比武讲章法、论阴阳。中国企业想要长期发展下去，就要做好练太极的准备。

9. 嘛咪嘛咪哄——变

“世间唯一不变的就是变化”，马云也深信这一点。进入互联网时代，一切都发生了翻天覆地的变化，马云正是看到了互联网的本质，才要求阿里巴巴不断在变化中调整自己，适应瞬息万变的市场。

善变，是浙商普遍的精明之处，更多时候这是个褒义词。马云更是将善变展现得淋漓尽致，因为他知道，想要在如今这个千变万化的市场里生存，你不变，就会被淘汰。阿里巴巴的企业价值体系中有“六脉神剑”的说法，“拥抱变化”就是其中之一。马云的理解就是，把变化当日常，把突破当习惯。

维家谈创富

生意越难做越是机会，关键是你的眼光。

共享创富，约吗

“一滴水怎样才能不干涸?”释迦牟尼问道。他的弟子们不知如何回答。他说：“把水放到大海里。”一滴水如果不放到大海里，无论如何都会干涸。一个人就好像存在于社会中的一滴水，如果不懂得将自己置身于社会的“大海”之中，那他迟早也会“干涸”。

哲学家叔本华说：“单个人的力量是软弱的。”比尔·盖茨也说：“永远不要靠自己一个人花100%的力量，而要靠100个人每个人花1%的力量。”无论什么时候，我们都应该懂得一个抱团取暖的道理。世界很大，我们很渺小，还不足以凭着一己之力，在这个世界上翻云覆雨。唯一能做的，就是找到你生命中的那些人，联合起来，一起翻滚。

在马云的印象里，孙正义从不多说一句话，就像武侠小说里大智若愚的太极宗师。马云还总结说，孙正义有三点特征：决定果断、心怀抱负、想到做到。

孙正义也是马云命中的“贵人”，他从和马云见面到最后决定投资，中间仅仅隔了6分钟。那时候，马云还是一个默默无闻的创业者，阿里巴巴也正面临着资金窘境，是孙正义帮助阿里渡过了难关。而马云也没有辜负孙正义的厚望，让他的财富在美国资本市场获得了一次巨大升级。

1999年10月30日，正在为筹集资金而烦恼的马云，接到了孙正义的来信。而后，两人在北京UT斯达康大楼见面。我们不知道他们都聊了哪些内容，但仅仅用了6分钟，孙正义就决定给阿里巴巴投资3000万美元。当时马云还觉得这笔资金太多了，最后只留下2000万美元。

目前，阿里巴巴的市场估值是1500亿～2500亿美元，孙正义的软银集团拥有阿里巴巴34.4%的股权。按照平均2000亿美元的市值估算，软银集团当时持有的股票价值是668亿美元，而15年后的今天，回报率高达3440倍。

孙正义的战略眼光不只在赚钱上，他是看到了未来互联网的发展趋势，并决定占领中国市场的制高点。而很多人都没有注意到的是，孙正义速战速决，用6分钟拍板投资阿里巴巴还有一个原因，就是杨致远。因为孙正义内心也认同杨致远，而且他看准

了以美国、中国、日本为制高点的互联网体系，拿下这3个点，就等于是占领全球互联网市场。

最懂得利用集体力量的，就是狼。狼群捕猎从来都是一起行动，如果让一只狼独自和一头狮子战斗，必死无疑；但一头勇猛的狮子，却没法对抗一群狼的攻击。同样，在人类发展的初始阶段，大家自然而然地根据生理条件，选择适合的劳作分工：男人负责外出打猎，女人负责采摘种植、哺育后代。正是这种基于自身先天条件的分工合作，让人类可以更容易存活下来。

管理一个“狼群团队”需要整合资源，让团队成员发挥最大的优势，这就要求每个成员都能发掘自己的潜力，把各自最擅长、最具价值的个人力量贡献给团队。每个人的长处都不同，你不可能让姚明跑得像刘翔那样快，同样的道理，你也不能让一个精通软件编程的工程师去实现骄人的销售业绩。想要使你的团队比别人更有实力，第一要充分调动团队积极性，第二就是让每个团队成员发挥主观能动性。

小张在一家跨国公司工作，他毕业于名牌大学，工作能力强、工作成绩突出。但是在公司工作5年，没有一点晋升的迹象，而其他和小张同期进入公司的同事，都升到了比他高的位置。有些能力明显不如他的员工，也获得了提升，而小张一直在自己的岗位上停留着。

原来，小张自恃才智过人，又有很高的学历，因此看不起比他能力低下的同事。在日常工作中，他也总是喜欢独自做事，和同事的关系并不是很好。有时同事找他办事，他不是推三阻四就是敷衍了事；而他有问题也从不找其他人商量，更没有和别人共同做过项目。

然而小张从来不觉得自己存在问题，反倒觉得遇人不淑，没有遇到一个有眼光的老板。终于有一天，老板让小张参加一个重要的项目，结果小张抛下项目组的其他成员，独自做了一份报告书，并向老板说出了自己的想法。老板被他这种自以为是的态度激怒了，最终决定辞退小张。

小张不明所以，还和老板理论。然而老板却说："失去你是公司的人才损失，但这不是你一个人的公司。为了让我的团队更健康地发展，只能牺牲你了。"

小张之所以没有得到重用，不是因为他没有能力，而是因为他不懂得团结大家一同走向成功。无论何时，这样的人都不会得到任何企业家的青睐。

我们需要共同致富的人，不管你是有钱有事业的人，还是有钱没事业的人，或是没钱没事业却想做一番事业的人，只要你懂得"一个团队"的道理，我们就希望和你一直走下去。

维家谈创富

创造财富的这条路上，独行侠寸步难行，唯有共同上路。

参考文献

[1] 华莱士·D. 沃特尔斯. 失落的致富经典 [M]. 王甜甜，译. 北京：光明日报出版社，2015.

[2] 拿破仑·希尔. 思考创富：拿破仑·希尔成功学全集 [M]. 宋奕婕，译. 北京：中国妇女出版社，2013.

[3] 赵凡禹. 零资金创业的 24 堂课 [M]. 苏州：立信会计出版社，2015.

[4] 孔庆楠，薛晋蓉. 富人的秘密 [M]. 长春：北方妇女儿童出版社，2015.

[5] 张勇. 创富心理学 [M]. 北京：中国商业出版社，2013.